湖南省教育科学"十四五"规划2023年度基地专项课题"新时代普通高中课程思政背景下学科融通育人的校本研究"（课题批准号XJK23AJD037）阶段性研究成果

U0747923

植物诗生活

李尚斌 ◎ 著

ZHI WU
SHI
SHENG HUO

中南大学出版社
www.csupress.com.cn
·长沙·

植物与诗的浪漫邂逅

谢永红

中国素有"诗国"之称。从《诗经》《楚辞》到唐诗、宋词等，中国诗词早已将民族品格凝聚在字里行间，更融入中华民族的文化血脉之中，源远流长，生生不息。在快节奏的现代生活中，静下心来品读古诗词，不仅能陶冶情操，提升审美能力，还能让我们在喧嚣中找到一片宁静的心灵栖息地，拥有一份诗意栖居的安适惬意。

在纷扰的都市丛林中，我们常常忽略了身边那些静默而坚韧的生命——植物。它们以无声的姿态，见证着四季的更迭，承载着生命的律动。然而，当我们将目光转向这些绿色的使者，用诗意的语言去解读它们时，便会发现，植物与诗，原来有着如此美妙的共鸣。

在湖南师范大学附属中学校园里、桃子湖畔、岳麓山下、湘江之滨，你稍加留意便会注意到这样一个场景：李尚斌老师或低头观花，或抬头望树，时不时拿出手机或端着相机左拍右拍；有时候看到她一个人对着花草树木喃喃自语，有时候发现她正与身边的一群学生或同事，对着植物指指点点、热烈讨论。当天，或是过一段时间，她便会将所看、所想、所讨论的内容发表在她的微信公众号"植物恋上诗"上。

读李老师的文章，看不到太多华丽的辞藻或冷僻的术语，却常常看到她对大自然的钟情，对生活的热爱，对学校、学生、朋友的真情流露。简单质朴的语言表达，常常让人为之一动：这不是我经常看到却叫不出名字的植物吗？这不是我经常看到的自然现象吗？这不是我也很好奇、很想问的问题吗？这不是我想写却没有腾出时间和精力写出来的东西吗？原来"采采苤苢"中的"苤苢"就是指车前草；原来"蒹葭苍苍"所描写的，就是我们在江边常见的荻花与芦苇竞相比美的场景；原来"冷烛无烟绿蜡干"中的"绿蜡"，本意是指芭蕉卷曲未开似绿色蜡烛一样的绿叶；原来鹅掌楸叫马褂木，因为它的叶子像马褂；原来无花果也是有花的；原来小到苔藓大到高大的乔木，无论是水生还是陆生，植物的根、茎、叶、花、果实、种子等结构是如此的精巧，植物的生存智慧随处可见，如此令人惊叹！

几年下来，李尚斌老师的微信公众号已经讲述了数百个"植物恋上诗"的故事。她撷取其中精华，汇编成集，并取了个庄谐相映的书名——《植物诗生活》。

《植物诗生活》是一本集科普、文学、摄影于一体的著作。它以一种全新的方式，将植物科普与诗歌欣赏巧妙地联系在一起，融文学、摄影与自然于一体。作者用活泼的文字、轻松的语气和精美的画面，让我们在欣赏诗歌的同时，也能感受到大自然的神奇与美丽。让我们一起翻开这本充满诗意的科普文集，去感受植物与诗歌之间的奇妙邂逅吧！

谢永红

2025 年 1 月 8 日于岳麓山下

谢永红，湖南师范大学附属中学党委书记，中小学正高级教师，全国五一劳动奖章获得者，享受国务院政府特殊津贴专家，湖南省徐特立教育奖获得者。

前言

关注诗里的植物，源于 2009 年，当时与一位语文老师邻座。某日，正在备课的她突然问我："采采卷耳"中的卷耳到底是哪种植物？我与她一起查阅资料，弄清了卷耳的名称，并附上了相关图片。从此我对《诗经》中的植物开始留意起来，并萌生了将中华优秀传统文化与生物学知识链接，实现生物学与文学、艺术融通的想法。但苦于文学素养太低，植物分类知识也几乎全部遗忘了，一直没有付诸行动。2016 年春天，在路边书摊上无意中觅得一宝物——《诗经全编全赏》，于是再次燃起写《诗经》中植物相关文章的热情，决定先通读《诗经》，了解《诗经》中到底提到了哪些植物。三十多年未与古文打交道了，读起《诗经》来真的很费劲，读读，停停，一晃又过去了半年。2016 年夏天，暑假有闲，重拾《诗经》，读着读着，猛然想通了：心动不如行动，边写边看。于是，从 2016 年 7 月 28 日下午 4 时开始，我静下心来，坐到了电脑旁，敲起键盘来。

边拍植物边读《诗经》边搜集整理相关资料，越写越心虚。《诗经》中涉及的植物很多，如"蒹葭苍苍，白露为霜"中的"蒹葭"、"采采芣苢，薄言采之"中的"芣苢"等。因为时代变迁，植物的名称发生了很大的变化，无法得知诗句中植物名称所指为何物，有的即使知其名也不知其貌，经常是野外相逢不相识。因为有太多知识不懂，加上开学后工作忙，就停笔了，一停又是半年。

2017 年 3 月，我终于斗胆在微信公众号"植物恋上诗"上发文，首发了暑假写的《参差荇菜，左右流之》与《桃之夭夭，灼灼其华》。开弓没有回头箭，从此在大部分业余时间我便沉浸于诗与植物中。

　　写着写着，发现《诗经》中我能见到的植物写得差不多了，目光渐渐转移到《楚辞》、唐诗与宋词，偶尔也引用一些现代诗，视线也由梅、兰、竹、菊等转向了路边的野花野草。写作的内容也在不断变化着，由读诗认植物，渐渐加入了关于植物智慧的科普，有的文章里则融入了校园文化、乡土人情等。

　　渐渐地，我也把"植物恋上诗"公众号的思路引入湖南师范大学附属中学校本课程的开发与实施中。从"校园植物探秘""植物私生活""大自然，大课堂"等校本兴趣课，到编写的《镕琢桑梓——校园植物小百科》校本教材发行，再到"校园植物的科学探究与人文关注"校本课题研究，我与湖南师范大学附属中学生物组的同仁们一直在传承与创新，并辐射到全校。

　　2021年10月，"跨学科融合——植物恋上诗"校本课程正式开课，生物老师与语文老师同台，师与生合作，文学意象与理性思维在教室里碰撞，就像看到一个新生儿呱呱落地到长成少年一样，我的眼里忍不住漫出了幸福的泪水。之后，湖南省"十四五"教育规划重点资助课题"新时代中学生健康生活素养提升校本项目设计与实施研究"、湖南省教育科学"十四五"规划2023年度基地专项课题"新时代普通高中课程思政背景下学科融通育人的校本研究"等相关课题相继在我校立项并实施研究。

　　从微信公众号到课程到课题，从一个人的独自摸索，到一个课题组的集体研讨，再到一个教研组的群策群力，最后到几个教研组的勠力同心，思路渐渐清晰，理念辐射范围越来越广，这也成了我继续写下去的动力源泉。

　　在网友、亲朋、同事的鼓励与帮助下，在"科学教育见长，人文素养厚重"的湖南师范大学附属中学这片沃土上，我坚持观察与写作了八年，积攒的文章打印出来可以有一本书厚了，出书自然而然被提上了日程。出版社的编辑问我："你的书的受众是谁?"我也不太清楚，想想，主要应该是像我一样热爱生活、恋上植物与诗的人吧。

笔　者

2025年1月

目录 Contents

1

第二篇　夏条绿已密

第一篇

春花纷外野

紫荆｜琢园几树紫荆花

这个季节里，能与樱花媲美的花，紫荆应该排名比较靠前。

《本草纲目》说："其木似黄荆而色紫，故名。"明代顾清用"百干相扶共一根，纷纷红蚁缀枝繁"来描述紫荆花开，很是贴切。紫荆为豆科紫荆属植物，落叶灌木，先开花后长叶，紫色的

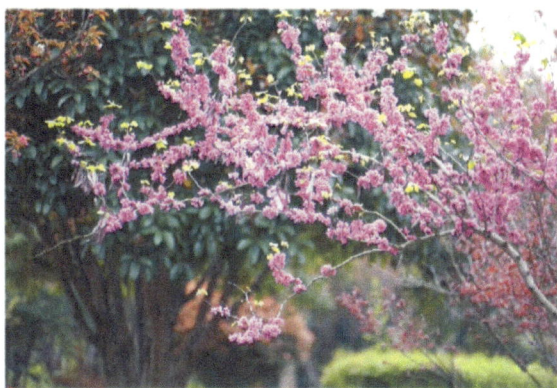
紫荆花开

花一圈圈簇生在细枝上，确实有些像红蚁缀满枝头。

细看那一只只"红蚁"，有些像粉红色的蝴蝶在飞舞，那是它的假蝶形花冠。

与豌豆花的蝶形花冠一样，紫荆的假蝶形花冠也是由5片花瓣组成的，假蝶形花冠5片离生花瓣呈上升覆瓦状排列，即花芽中最上方的一片花瓣位于最内侧，为旗瓣；蝶形花冠的5片离生花瓣呈下降覆瓦状排列，花芽中最上方的一片花瓣位于最外侧。

这些花冠的形成，可以说是传粉昆虫选择的结果。特殊的花形和鲜艳的花色可以吸引蜜蜂等传粉者来访，并为昆虫提供着陆平台和导向标志。传粉昆虫落在龙骨瓣上时，会产生一定的压力，使龙骨瓣张开，露出雄蕊和雌蕊，从而实现授粉。

花谢的时候，紫荆的豆荚也悄悄地从枝干上

纷纷红蚁缀枝繁

长了出来,一簇一簇的。荚果是豆科植物特有的果实,它们可以借助风力、水力、动物接触或自身的弹射力来散播。

● 紫荆的豆荚

这个春天里,湖南师范大学附属中学(以下简称"师大附中")琢园里极耀眼的,除了几株樱花,还有几枝紫荆。尽管看起来远不如西湖公园、玉湖公园等地的紫荆长得那么茂盛,但对于老附中人来说,稀稀疏疏伸出的这几枝紫荆,足以安慰心情失落的人。

琢园的紫荆花曾经开得非常热烈,但前些年的一个夏天,干旱让紫荆遭到了重创,园林工人索性将它们全部砍了。幸好没有连根挖去,经过几年的沉寂之后,琢园的紫荆终于又焕发出生命的气息。此情此景,怎能叫人不欣慰!

紫荆花不开则已,一开便是那么耀眼,那么浓烈,让人们不得不流连于此,一赏它们的芳容,也引得许多文人墨客为之写诗赋词。在众多的诗词中,我最爱元代张雨的《湖州竹枝词》:

临湖门外是侬家,郎若闲时来吃茶。

黄土筑墙茅盖屋,门前一树紫荆花。

寥寥几笔,勾勒出一幅朴素自然、充满生活气息的画面。我忍不住和一首:

校园春韵

岳麓山下好读书,桃子湖畔竞芳华。

攀登广场樟树绿,琢园几树紫荆花。

张雨门前的紫荆花充满着田园气息,而琢园的紫荆花却总带着几分书卷气。晨读时分,紫荆的花枝随微风轻颤,仿佛在回应教室里传来的琅琅读书声;午休的学子枕着落英小憩,梦里怕是有假蝶形花冠化作的紫云。

明年花更好,知与谁同?年复一年,紫荆用年轮记载着琢园的故事:新栽的银杏叶黄叶落,草地上首次冒出了过路黄,花下读书的少年换了一届又一届,而紫荆始终是那个沉默的守望者。当毕业季的歌声再次响起,那些落在校服上的花瓣,或许就是紫荆写给少年的信笺。

2024-03-31

迎春花｜向风却是最先迎

今天先来打一谜语，谜底为植物，谜题为清朝诗人赵执信写的一首诗：

> 黄金偷色未分明，梅傲清香菊让荣。
> 依旧春寒苦憔悴，向风却是最先迎。

是迎春花吗？

是的，你真聪明！我要向白居易学习，送你一枝迎春花。

● 迎春花

玩迎春花赠杨郎中

金英翠萼带春寒，黄色花中有几般？

凭君与向游人道，莫作蔓菁花眼看。

哦，不对，我只能送你一枝野迎春花。

明明说了要送迎春花的，为什么改为送野迎春花了呢？

不急不急，且听我慢慢道来。

每年春节过后的开学季，师大附中校园里就陆陆续续盛开着这种黄色的小花，它们既是春天的使者，也充当了迎接师生返校的校园小主人。一直以来，我们都叫它们迎春花，且将其编入了校本教材《镂琢桑梓——校园植物小百科》的第1章中，篇名为"金英翠萼带春寒——迎春花"。这几天我偶然读到微信公众号"植物上瘾者"的《野迎春 VS 迎春 | 这两种花的区别，百闻不如一见》这篇文章，便提着相机瞪大眼睛在广益楼、校史馆、食堂旁的花墙边转悠了几天，这才斗胆说出来：校园里的迎春不是迎春而是野迎春！

所以，我只能送你野迎春花了，而且还是从地上拾得的野迎春花，一是因为校园植物不能乱采，二是因为落花也很美。

迎春与野迎春是什么关系呢？

迎春与野迎春同为木樨科素馨属植物，花期、花色、花形都比较相近，很容易弄混，但细心观察的话其实也没有那么难区分。

迎春是落叶小灌木，而野迎春四季常青；迎春先花后叶，野迎春花叶同枝；迎春为单瓣花，花筒比较长，野迎春往往是重瓣花，花筒比较短。

除此之外，迎春与野迎春还有一个细微区别：迎春花花心是黄色的，而野迎春花则从花心辐射出来数条橘黄色的条纹。

● 野迎春花(重瓣，花叶同枝)

我在拍野迎春花的过程中发现，有的花可见雌蕊的柱头从花冠筒中伸出头来，有的则看不到柱头。这是怎么回事呢？难道它们像报春花一样花蕊有两种不同的形态吗？

报春花有两种花：一种是长花柱花，柱头高于花药；一种是短花柱花，花柱在花药下面。这种互补式的雌雄异位被认为是促进长花柱与短花柱个体间杂交传粉的一种特殊机制。它们常常还伴随有自花授粉、相同类型花授粉不亲和的生理障碍，即有效传粉仅局限在两种花型间，如长柱花花粉授给短柱花柱头或短柱花花粉授给长柱花柱头才能正常结籽。

如果迎春花也是这样的两型花的话，那也够聪明的，可以避免自花传粉导致的遗传缺陷。

为了观察迎春花是不是真的具有两型花，我趁着学生午休的时候偷偷摘了几朵花回来看，发现不同植株雌蕊的柱头确实有长有短，长的伸出了花冠筒，而短的要撕开花冠后才看得见。可是，找雄蕊的过程一波三折！我先是以为自己是老花眼看不清，便从实验室拿了放大镜，放大之后发现还是找不到典型的雄蕊结构，只看到有些既像花瓣又像雄蕊的结构依附在雌蕊旁。

随后我打电话咨询我的分类学老师易任远，他一语道破天机：很多栽培品种都雌雄蕊瓣化了。

植物的雄蕊和雌蕊本来是负责传宗接代的，雄蕊和雌蕊瓣化，提升了颜值，愉悦了观花的人，却影响了自己的生殖，难怪很多栽培品种只见花不见果。

《中国植物志》介绍：根据细胞学的研究，迎春花有可能是野迎春的北方衍生种。在北方冬天寒冷的气候条件下，冬天落叶，花变小，衍生出迎春。所以，野迎春与迎春，说不定还没有生殖隔离，还是"一家人"。

野迎春的雄蕊化作层层叠叠的金色花瓣，傲然绽放；而迎春褪去常绿衣裙，在北方的寒风中休眠，又在春寒料峭里率先捧出金色的花杯——这何尝不是另一种智慧的绽放？

请珍惜我送给你的野迎春，因为那不仅仅是一枝落英，还是一份生命突破定义藩篱的鲜活标本。

2024-04-08

忍冬 | 亭亭羞独艳

昨天集体备课时，同事慧慧说：镕园洁齐亭边的假山上，金银花盛开了。我赶紧去看看，果然如此。我上周去看时还没有开呢，几天后好些白花已经变黄了。

● 金银花盛开了

金银花的花苞和初开的花瓣都是白色的，花开之后两三天便变黄。在同一根藤条上，花色有白（银）又有黄（金），所以俗称金银花。

金银花的学名叫忍冬，是忍冬科忍冬属植物。"忍冬"这一名字的由来，在陶弘景的《本草经集注》中有说明："藤生，凌冬不凋，故名忍冬。"

金代学者赵秉文在《回春谷》一诗中也写到了忍冬"凌冬不凋"的特性：

冰崖雪柱道人家，谷榜回春事已夸。

却恐阳和在泉底，未春先发忍冬花。

校园里的忍冬花并不是"未春先发"的，而是到了春末才开花，也许是随着时代变迁，忍冬的习性也发生了变化。

清代诗人查慎行也为忍冬赋过诗：

赋得忍冬花送楼村同年南归分韵得群字

鸳鸯亦有偶，鹭丝亦有群。

岂谓阅晨莫，遽看黄白分。

亭亭羞独艳，两两含清芬。

愿保忍冬意，嗒焉吟送君。

诗中的"鸳鸯"与"鹭丝"（鹭鸶），都是忍冬的别称。忍冬单叶对生，花成对地生在叶腋处，所以有些地方俗称鸳鸯藤。忍冬花初开时，白色细长的花瓣与花蕊伸展开来，像白鹭鸶一样美丽优雅，因而有人称它们为鹭鸶藤。

小时候我经常采摘金银花，采回来晒干后用塑料袋装好，等待收药的人来，用其换点零花钱。大人们叮嘱一定要采未开的花，否则药效不好就没有人收了。昨天有同事开玩笑地说：最近有点上火，要不要去镕园采点金银花来泡水喝呢？我说：这么好看的花，还是别去采了吧，否则爱花的人会上火了。

优雅如鹭鸶的花

香忍冬花

前天我提着相机到桃花岭山脚下的小院子里去拍佛甲草，小院子给了我一个惊喜：围墙上还长有一种开红花的忍冬，种花的人说是香忍冬。

香忍冬这种原产于北美的忍冬属植物，似乎比本土金银花更张扬。微风吹过，它的花串便轻轻摇曳，散发出淡淡的清香，让人沉醉其中。

傍晚时分，镕园假山上的金银花将舒展的花瓣重新合拢，仿佛把白天收集的阳光层层包裹。这种开合自然、凋而不落的姿态，仿佛在告诉我们：绽放的顶点，恰是下一轮蛰伏的起点。

或许，我们也该向忍冬学习，学习它"亭亭羞独艳"的品格，学习它蛰伏的勇气。

2024-04-26

豌豆与野豌豆 | 采薇采薇，薇亦柔止

　　我特别喜欢游戏《植物大战僵尸》中的豌豆射手们。无论是普通射手、双发射手、三线射手还是寒冰射手，它们射出的一发发子弹，实际上就是豌豆的种子，而发射装置就是豌豆的果皮——豆荚。当豌豆成熟并受到阳光照射后，豆荚会裂开，然后将种子弹射出去，射程可以超过5米。这种超强的弹射能力，就是豌豆们的一种扩大势力范围的技能。

　　豌豆是豆科植物大家族中的一员，我们吃的大豆、绿豆、红豆、蚕豆、扁豆、豇豆、四季豆、芸豆、刀豆等，还有花生、紫藤、槐、紫荆等，都属于豆科植物。毫不夸张地说，我们的生活离不开豆科植物。

　　有没有觉得图中似乎有两只蝴蝶在飞舞？有这种感觉就对了。豌豆花是典型的两性花，也就是说，一朵花既有雄蕊又有雌蕊，而豌豆花的花冠就如你所见，像蝴蝶，被称为蝶形花冠。花冠两侧的花瓣，花开后张开似翼状，是昆虫停留的地方；内侧对称的两片花瓣呈舟状，紧包在雄蕊和雌蕊之外。豌豆在花开放之前，龙骨瓣还紧紧包着花蕊时，雌雄花蕊之间便已经传粉了，所以豌豆是严格的自花传粉植物。

豌豆的蝶形花冠

　　然而，在自然界为了避免近亲繁殖带来的弊端，绝大多数植物都选择了异花传粉，为什么有的植物要选择自花传粉呢？植物进行自花传粉的原因是多样的，主要与其繁殖策略和环境适应性有关。以下是几个关键原因。

　　一是环境原因：在某些环境条件下，比如在孤立地区或者恶劣的气候条件下，昆虫或其他动物传粉者可能稀缺。在这种情况下，自花传粉成为植物繁殖

的可靠手段。

二是稳定遗传需要：自花传粉可以保持植物的遗传特性稳定，因为它避免了与不同遗传背景的植物杂交。这对于在某些环境中已经适应良好的植物来说是有利的。

三是资源优化管理需要：对于一些植物来说，吸引和依赖传粉者(如昆虫、鸟类)需要消耗大量资源(例如花粉和花蜜)。自花传粉可以在资源有限的情况下保证繁殖的进行。

四是繁殖保障策略：即使在有外界传粉者的条件下，自花传粉也可以作为一种"备份"机制。

在湘江的河滩边，我经常看到成片生长的野豌豆，野豌豆并不是豌豆的祖先，它们是豌豆的近亲。野豌豆属有 200 余种，其中就包括我们熟悉的蚕豆，而豌豆却不在其列。豌豆的起源地说法不一，有人认为是埃塞俄比亚，也有人认为是伊朗，由原产地向东传入印度北部，再经过中亚、西亚传到中国。

救荒野豌豆的花与果

救荒野豌豆与小巢菜就是两种常见的野豌豆属植物，它们的幼叶和嫩茎除了可作为牧草之外，也可供人们食用。

薇是古代比较著名的野菜，古代诗词中多处可见"采薇"，如：

采薇采薇，薇亦作止。曰归曰归，岁亦莫止。

靡室靡家，猃狁之故。不遑启居，猃狁之故。

采薇采薇，薇亦柔止。曰归曰归，心亦忧止。

忧心烈烈，载饥载渴。我戍未定，靡使归聘！

采薇采薇，薇亦刚止。曰归曰归，岁亦阳止。

王事靡盬，不遑启处。忧心孔疚，我行不来！

——摘录于《诗经·小雅·采薇》

《诗经》里的"薇"，可能就是某种野豌豆。诗里的戍卒长年征战在外，军粮不足时只能采幼嫩的薇菜充饥。从春天到秋天，薇菜从"作"（初生）到"柔"再到"刚"，时光逝兮年将近，归期遥兮人思归。在这里，"采薇"被用来表达戍卒对家乡的深切思念和长年征战在外的万般无奈。

小巢菜

《史记·伯夷列传》有记载："义不食周粟，隐于首阳山，采薇而食之。及饿且死，作歌。其辞曰：'登彼西山兮，采其薇矣。以暴易暴兮，不知其非矣。神农虞夏忽焉没兮，我安适归矣？于嗟徂兮，命之衰矣！'遂饿死于首阳山。"这里说的是伯夷和叔齐在商朝灭亡后，拒绝吃周朝的粮食，选择在首阳山隐居，采薇而食。他们的这种行为被后人视为高尚气节的表现，"采薇"后来也被用来借指隐居生活，如王绩的"相顾无相识，长歌怀采薇"、孟郊的"举才天道亲，首阳谁采薇。去去荒泽远，落日当西归"等。

古人采薇，采的不仅是野菜，更是与荒野博弈的生存诗篇——螺旋状卷须攀缘着《诗经》的韵脚，自花传粉的智慧暗合伯夷叔齐的孤傲。

春天来了，万物复苏，薇亦作止，薇亦柔止。让我们走进大自然，采薇去。

2020-02-07

玉兰｜日晃帘栊晴喷雪

　　坐落在岳麓山下的湖南师范大学有条木兰路，校园里种有许多木兰科植物，如玉兰、辛夷、深山含笑、荷花玉兰等，且在木兰路上比较集中。

　　最容易被忽略的，往往是身边的风景。

　　早在正月初十那天，我就在潇湘大道上看到了玉兰花开，还发了一条朋友圈：拍玉兰不小心拍到了月亮。两天后我约了一帮小伙伴驱车一个多小时到湖南农业大学拍玉兰。

　　之后我从微信公众号"二里半演义"的文章《春寒料峭中的二里半》里看到，木兰路上的大多数玉兰花都谢

玉兰

了，心里突然生出些愧疚，自己到处找到处拍，怎么就忘了身边的木兰路呢？

　　元宵节那天，我大清早冒着细雨来到了木兰路。

玉兰

　　幸好来了。虽说大部分的玉兰花已经谢了，有的已经长出了嫩绿的叶子，但还有少数几朵花在枝头俏立。木兰路的最北端竟然还有几株玉兰树繁花满枝，仿佛在等着我。哈哈，我是不是有些自作多情啊？"日晃帘栊晴喷雪，风回斋阁气生兰"，明代陆树声用"喷雪"一词来形容玉兰的怒放，不亲临玉兰树下，你是很难领会这一用词的绝妙的。

玉兰是木兰科木兰属植物。中国栽培玉兰的历史已有 2500 多年，早在春秋战国时期我国就有了培育玉兰花的记载。

屈原可能比较钟情于木兰与辛夷，在《离骚》《九歌》等多个作品中都提到过，如《离骚》中的"朝饮木兰之坠露兮，夕餐秋菊之落英。苟余情其信姱以练要兮，长颔颔亦何伤"，《九歌·湘夫人》中的"桂栋兮兰橑，辛夷楣兮药房"（用桂木作栋梁、木兰为桁橑，用辛夷装门楣、白芷饰房间）。

花蕾（形如木笔）

我很好奇玉兰、木兰与辛夷的关系，查了马炜梁主编的《植物学》，方知玉兰、荷花玉兰、紫玉兰都属于木兰科植物，玉兰花白色，紫玉兰又名木兰、辛夷，花紫红色或紫色。我还查了《本草纲目》，上面有这样的记载："辛夷花，初出枝头，苞长半寸，而尖锐俨如笔头，重重有青黄茸毛顺铺，长半分许。及开则似莲花而小如盏，紫苞红焰，作莲及兰花香。亦有白色者，人呼为玉兰。"

由于玉兰和紫玉兰这两种花非常相似，古人常常混称为木兰。古诗里的木兰常指开白花的玉兰，而辛夷往往是指紫玉兰。紫玉兰又被称为木笔，看看它初生的花蕾形态，还真与毛笔有几分像。

不过，我们在春天看到的紫红色玉兰不一定是紫玉兰，很多都是二乔玉兰，它们是玉兰和紫玉兰的杂交后代，颜色介于玉兰和紫玉兰之间。

春寒料峭加上细雨绵绵，让我拿相机的手冻得有些僵了。由此我想到一个问题，玉兰在这么冷的天就开了花，有昆虫来帮它们传粉吗？

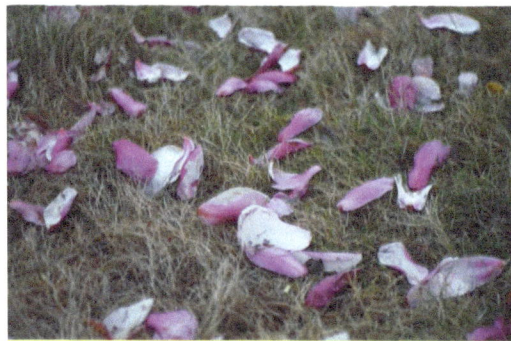
今朝辛夷落

我的担心是多余的。玉兰花有两个法宝吸引昆虫：一是玉兰花成熟时有浓郁的香气散发出来，二是它的雄蕊很多，组成了雄蕊群，雄蕊群可以在开花的时候生热，使花被内温度高于环境温度，这样既能确保玉兰花在早春低温条件下顺利开放，还能为传粉昆虫营造一个舒适的进食环境。因此，在早春时节，当其他开花植物相对较少时，玉兰的花朵吸引了大量的传粉昆虫，如食蚜蝇、蜜蜂和草蛉虫等，这些昆虫在觅食的过程中，也在进行传粉。

玉兰的花期很短，几天内便历经花开花落。故有人感叹："昨日辛夷开，今朝辛夷落。"

看到玉兰花开花落的情景，我的鼻子无端泛酸。也许是恰逢元宵佳节，我生出了"子欲养而亲不待"的感叹。玉兰的花蕾，像极了父亲用来写春联的毛笔，而那只握笔的温暖的手，却留在了我记忆的长河里了；玉兰花簌簌往下掉落的时候，很像小时候妈妈拆棉被时抖落的旧棉絮，花谢了明年还会再开，但替我盖棉被的人，却已经永远留在那年的秋天了。

我有些落寞地数着满地残萼往回走，忽见某处断枝上发出了小小的新芽——原来有些告别，本就是重逢的序章。

我心释然。

2021-2-26

荇菜｜参差荇菜，左右芼之

时雨及芒种，四野皆插秧。

家家麦饭美，处处菱歌长。

——摘录于陆游《时雨》

今日迎来芒种节气，芒种忙种，今日不种，再种无用。

别人家忙着收麦与种稻时，我和娟也在"忙种"。

我俩在瞎忙些什么呢？在种荇菜。

荇菜哪来的？从松雅湖国家湿地公园捡回来的。

种在哪里？种在镕园的水池里。

那荇菜又是什么菜？这得从《诗经》说起。

关雎

关关雎鸠，在河之洲。窈窕淑女，君子好逑。

参差荇菜，左右流之。窈窕淑女，寤寐求之。

求之不得，寤寐思服。悠哉悠哉，辗转反侧。

参差荇菜，左右采之。窈窕淑女，琴瑟友之。

参差荇菜，左右芼之。窈窕淑女，钟鼓乐之。

重温一下《关雎》，诗里"左右流之""左右采之""左右芼之"的"参差荇菜"，就是我与娟蹚水采之、悄悄种之、欣喜观之的荇菜。

荇菜是睡菜科荇菜属多年生水生草本植物，广泛分布于水流平稳且水比较浅的池塘、湖泊、河溪等环境中。荇菜的叶子略呈圆形，浮在水面。由于叶子形态和生活环境都与荷相似，花色为金黄色，荇菜也被称为水荷、金莲儿。

我生活在长江流域、洞庭湖边，作为《诗经》爱好者、植物欣赏者，居然没有见到过荇菜，这是我多年以来的遗憾。今年春节期间，我终于按捺不住渴望见它们的心，在网上搜寻并网购了荇菜苗。卖家给我寄来了一些似乎快要腐烂了的根状物与茎状物，我将它们放在盆里水培。没想到气温回升后，它们居然冒出了新叶。欣喜之余，我也为它们的前景担忧，怕自己养不好它们。

于是我决定放养。

5月中旬，我将两株荇菜苗带到学校，与娟一起将它们放养到镕园水池里，满心期待它们开出小黄花来。

第二天我去看望它们，发现只剩下一株了。再过了一个星期去看，我发现另一株也消失得无影无踪！我以为是水将它们冲走了，于是从水池的西边越过两座小桥一直找到东边洁齐亭的假山下，还是没有找到。它们不可能被人故意扔了，也不可能是死了，只有一个推测结果——被水池里的鱼吃掉了。痛心啊！荇菜的无端消失，让我有点恨鱼了。

放养镕园的荇菜

松雅湖残存的荇菜花

去年我看到有报道说松雅湖国家湿地公园里养殖了成片的荇菜，4月底特地一个人去了一趟松雅湖。运气真好，我随意找了个停车场，入园便是沙滩，沙滩前面有一排围栏，再向前，湖里就长有成片的荇菜，可惜还没有开花。盼着盼着，终于到了6月初，我心想终于可以一睹荇菜花开的容颜了。

昨天我约了娟驱车50分钟来到松雅湖国家湿地公园。一入园，我傻眼了，水茫茫一片，哪有荇菜的踪影！

娟怀疑我记错了地方。我翻出曾经拍的照片来证明我并没有记错，问了公园的一位环卫工人，终于知道了荇菜消失的原因，原来是前几天被打捞掉了。大失所望之余，我们发现在围栏边，还有一朵小黄花在湖面开着。娟卷起裤脚下水将它扯到了岸边，让我一睹荇菜的芳颜。

不甘心的我们沿着湖边地毯式地搜寻，找到了漂到岸边的一些带芽的茎，还在一位环卫大哥的帮助下，从湖边的蒲苇丛边钩回了一枝带了花芽的残枝。

　　顾不上欣赏公园的美景，我俩急急忙忙赶回学校，生怕时间长了它们就蔫了。这次放养我们吸取了一点教训，将它们分别放养在镕园水池的东头和西边。之所以还放在镕园，一是因为琢园水池里的鱼更多更大，更不能放；二是因为前几天发现镕园水池里的大鱼死了两条，据说可能是在给周边的植物杀虫时误伤了。

　　今天到学校，第一件事就是去看我们种的荇菜，发现它们伸出了三个小花苞，我开心地拍了一张照片发给娟看。午餐过后从镕园经过，我又忍不住绕过去看看它们，惊喜地发现三朵小花居然都开了！

　　下午上完课后我与娟再次来到水池边，借了台相机想好好地拍一拍它们，因为它们离水池边较远，不好拍，于是用一根棍子挑了一下，结果弄巧成拙，花瓣一浸水便变得蔫蔫的了。

　　此刻，我们只能默默祈祷，希望它们能够重新挺立起来，不要被鱼儿吃掉，也不要被旁边的睡莲这一竞争对手淘汰掉。

　　想到这里，我不禁哑然失笑：我们比《关雎》里的"君子"还痴，当年他为窈窕淑女"寤寐求之"，如今我们却因为锦鲤偷吃《诗经》里的植物而"辗转反侧"。

2024-06-05

珠芽尖距紫堇｜俯首饮花蜜

两位生物教研组的小姐姐在干什么呢?

答案可在下面这几句诗中寻找。

> 仰鞭胃蛛网,俯首饮花蜜。
>
> 欲争蛱蝶轻,未谢柳絮疾。
>
> ——节选自唐·李商隐《骄儿诗》

是的,她俩也像李商隐的骄儿一样,在饮花蜜。我也小心地撕开一朵花的花距,吮吸了藏在其中的一口蜜,果然是清甜清甜的。不过我们可不是像儿童一样在闹着玩,是在为课题研究进行考察。

上周四,校园植物课题研究小组的小伙伴们集体到校园里走了一圈,目的有二:一是为绘制校园植物分布地图进一步确认植物;二是为生物教研组的校园植物栽培实践基地选址。

走到镕园时,我将自己新发现的秘密花园里的宝贝们指给她们看,然后姑娘们就盯上了这些宝贝们的花蜜。

有朋友可能看得有些急了，秘密花园到底在哪儿啊？哈哈，就在师大附中镕园的绿篱下，欢迎你来这里找找看。

紫堇是罂粟科紫堇属植物，在老家的田埂上、省植物园的林地边、湘江边及校园的绿化带中，都能寻到它们的踪迹。紫堇属在我国就有300多个成员，而且有些非常相似，不细细观察很难区分。

镕园里的紫堇是珠芽尖距紫堇，也叫地锦苗。珠芽尖距紫堇有两个重要的辨识特征，即珠芽和尖距。

○ **珠芽**

珠芽尖距紫堇的叶腋里长有珠芽。珠芽是植物幼芽的美称，可以用来进行无性繁殖。

花距是某些植物的花瓣向后或向侧面延伸成管状、兜状等形状的结构，花距里通常有腺体之类的结构，腺体分泌的蜜就贮存在花距里。昆虫吸食花蜜时，会在花上扑腾，便携带了花粉，到另一朵花上去吸蜜时，就实现了传粉。

花距的形成是植物进化的结果。不同植物花距的形状和长度不同，这样起到可选择不同昆虫传粉的作用，昆虫根据自身食性选择植物传粉，于是在植物和昆虫间建立了特定昆虫为特定植物传粉的机制，有利于物种的稳定性。

○ **尖距**

有一种原产于马达加斯加的彗星兰，拉丁文学名的意思是"一尺半"，其名称源自它那又长又细的花距，从花的开口到底部是一根长达29.2厘米的细管，只有距底部3.8厘米处才有花蜜。"什么样的昆虫能够吸到它的花蜜？"达尔文大胆地预测："在马达加斯加必定生活着一种蛾，它们的喙能够伸到彗星兰底部！"1903年，这种蛾终于在马达加斯加被找到了——一种长着25厘米长的喙、像小鸟大小的大型天蛾，它被命名为"预测"。这时候距离达尔文做出预测已过了41年。兰花细长的花距和蛾长长的喙,是两种生物协同进化的结果。

问题来了:珠芽尖距紫堇尖细的花距加上花瓣目测长约2厘米,哪种昆虫能恰到好处地把口器伸入花距的基部讨到蜜喝并顺便帮紫堇传粉呢?

我查到黎维平教授与刘胜祥教授的一篇论文《珠芽紫堇的生殖生态学研究:Ⅰ.传粉生态学》,文中提到给珠芽尖距紫堇传粉的昆虫是柳分舌蜂。

距离我发现珠芽尖距紫堇开花才不过几天,有些花就已经结果了。果荚细长,我用手指轻轻一捏就裂开了,里面有多粒黑亮的小种子。

我把采回来研究的珠芽尖距紫堇种在办公室的花盆里,顺便把那几粒种子也埋在其中,也算是作为吸食了它们花蜜的回馈。

盆栽珠芽尖距紫堇

友情提示:有的紫堇是有毒的。我为自己吃了花蜜稍微生出一点后怕,转而一想,这些花蜜是花儿们给传粉昆虫准备的,人吃了也应该没事。但它们的植株就不要当野菜吃了,小心中毒。

珠芽尖距紫堇,悄悄点缀着校园。它用清甜的花蜜吸引着昆虫,也让我们在"俯首饮花蜜"间感受到自然的奇妙与生命的律动。

2021-03-25

构树 | 投斧为赋诗，德怨聊相赎

校园里有两株构树让我特别感动：一株长在打靶村围墙外民房的墙壁上，一株长在镕园洁齐亭池边的石缝中。在如此贫瘠的条件下生长，每年秋季落叶后，望着它们光秃而细小的枝干，我总担心它们挺不过寒冬。但到了第二年春天来临时，它们又会换上嫩绿的新装，让我欣喜不已。一年又一年，两株构树苗越长越大，让我产生些许奢望，盼着它们早日开花结果。同时，我也很好奇构树花是怎样的。

周日放晴，闺蜜们约着到百果园采野葱。在一条山路上，我被几枝花惊艳到了。看那叶子，这不是构树吗？一个个粉紫色的小花球缀在细枝上，与新生的嫩叶相映

墙缝里的"构坚强"

衬。这才是春天的颜色啊！平时见到构树，多数情况下是在路边，灰头土脸的，而且常为老枝，这是我第一次见到它年少的模样。

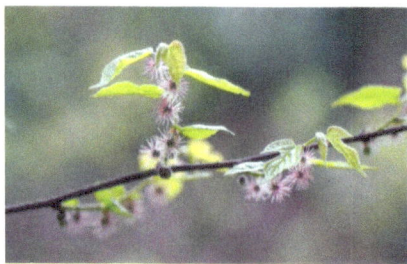
小构树雌花序

我想当然，以为看到的是构树的花，请教了师兄，才知道那粉紫色的小花球是小构树（楮）的雌花。

构树最奇特的是叶子，同一构树植株上有两种叶形：一种常见 3～5 深裂，一种则全缘不分裂。一般构树小苗或大树基部萌蘖枝的叶片会有分裂，大树的

叶片常常不分裂或是浅裂。

构树成熟时橙红色的聚花果是不是看起来有些像杨梅？构树还有一个名字叫假杨梅，在路边、池塘边、山坡上随处可见它的身影。

构树果实

这几天让我头疼的一个问题是，古书中的"楮""榖"与现代植物分类学中的"楮""构"是什么关系？

《诗经》中有关于"榖"的记载，如《小雅·黄鸟》中的"黄鸟黄鸟，无集于榖，无啄我粟"，《小雅·鹤鸣》中的"乐彼之园，爰有树檀，其下维榖。它山之石，可以攻玉"。

对于榖，《说文解字》解释："榖，楮也。"《陆氏诗疏广要》解释："幽州人谓之榖桑，或曰楮桑。荆、扬、交、广谓之榖，中州人谓之楮。殷中宗时，桑榖共生是也。今江南人绩其皮以为布，又捣以为纸。"可见，古人认为榖即楮。

而《古代汉语词典》（第2版）（商务印书馆）中"榖"的释义："树名。又名构、楮。树皮可以造纸。"《现代汉语词典》（第7版）（商务印书馆）中"楮"的释义：一为"构树"，二指"纸"；"榖"的释义也是"构（树）"。可见现代的词典中，古代的"榖""楮"作为植物的话都被认定为"构"。

而在大学教材《植物学》中，构树与楮（小构树）都是桑科构属植物，构树雌雄异株，雌株与雄株比较好区分：雌株有着球形头状花序，雄株花序则为柔荑花序。楮又称为小构树，楮则雌雄同株，且雄花序也是头状花序。成年的构树是高大乔木，而楮则是灌木；从叶子来看，构树叶上的毛比楮叶上的多。构可作造纸、绿化和药用，楮的树皮作纤维用。

看来，古书中的"楮"与现代的"楮"不是一回事。古书中的楮、榖都指现代的构树，而现代的楮则指小构树。

苏轼曾为构树写过一首长诗：

宥老楮

我墙东北隅，张王维老榖。树先樗栎大，叶等桑柘沃。

流膏马乳涨，堕子杨梅熟。胡为寻丈地，养此不材木。

蹶之得舆薪，规以种松菊。静言求其用，略数得五六。

肤为蔡侯纸，子入《桐君录》。黄缯练成素，黝面颓作玉。

灌洒蒸生菌，腐余光吐烛。虽无傲霜节，幸免狂醒毒。

孤根信微陋，生理有倚伏。投斧为赋诗，德怨聊相赎。

构树的适应能力极强，常常成为生物群落次生演替中的拓荒树种，因而有人将构树称为恶木。东坡居士家院子的东北角种有一株构树，他本想效仿他人将构树砍掉做柴烧，并换种傲风霜、性高洁的松与菊，但静下心来想一想，发现构树有很多用处。例如树皮可以用来造纸，果实可以入药、做染料或用来洗脸美容……他越想越于心不忍，便放下斧子并拿起笔墨，赋诗一首以"德怨聊相赎"。

今天我在爱民路发现了两株构树，一株新苗扎根在围墙上，一株老树挺立在道路旁。我真的很佩服构树的顽强生命力，《酉阳杂俎》中说："构，田废久必生。"我觉得还要补上一句："构，墙砌久亦生。"

据说河南省周口市鹿邑县太清宫里，有一株构树被当地人称为神树。因为每年4月份，这株树会冒出一缕缕白色的烟气，百姓们都以为这是太上老君显灵，纷纷前来跪拜祈福。对此，科学的解释是：构树的雄花序非常多，到了开花时节，大量

爱民路的构树

的雄花同时开放并散发花粉，在阳光的照射下会显现冒烟的奇特现象。当然，这株树被封为神树也不为过，传说是老子亲自栽种的，已经有2500多年的树龄。而老子之所以栽种构树，是因为构树皮可以代替竹简写字。

综上，构树不仅不是恶木，而且还是有文化底蕴的树。你同意吗？

2021-03-30

李花｜丘中有李

丘中有麻

丘中有麻，彼留子嗟。

彼留子嗟，将其来施施。

丘中有麦，彼留子国。

彼留子国，将其来食。

丘中有李，彼留之子。

彼留之子，贻我佩玖。

从这字里行间可以想见，《诗经》的时代，有一块美好的田园。在那有麻、有麦、有李的山丘上，姑娘与小伙子两情相悦，踏春、野炊、赠玉，姑娘把爱情的甜蜜非常直白地唱将出来。年轻，真好！

一直不太敢写李。我老家的后山上原本是种有李树的，每年

李花（长沙百果园）

早春边开花边长叶，夏天果子还酸酸的时候便可尝鲜了。不知道哪年起，李园的李树被全部砍光种上了黄花菜，再后来变成了灌木丛，现在则成了高速公路，回家倒是方便了，却少了许多念想。李花开在清明前，父亲走在清明后。每到李花开放时，那洁白的花朵，白得有点刺目，必然会让我想起父亲，而父亲的早逝是我心中永远的痛。

按说，李是寻常、传统的果树之一，应该比较好找。但由于李花开的时候，

正是开学忙碌的时节，我没有时间到乡下去溜达，而城里的大街小巷和各大园子，这些年都被梅、樱、桃等占据了，找李花真的不容易。记得有一次坐闺蜜的车路过金星路，在路边的小小园林中望见了几棵树开着白花，我以为是李花，赶紧下车去看花，结果发现不是李花而是樱花，还使得找不到停车位的好朋友开着车绕了两圈来等我。

李花

让我几次错认为李花的樱花，与李花真的很像。由于它们的花都是几朵小花簇生在一起，花梗也都较长，花色都是纯白色，花期也相近，远观确实不好区分。不过，有一个区分樱花与李花的简单办法：樱花花瓣尖端有一个小小缺口，而李花花瓣尖端没有缺口。

樱花

这些年我寻寻觅觅，走了好多路，才拍齐了李花与李子。

前年秋天到百果园观银杏，我无意中发现在百果园的西山上，有一片李林。想好了来年春天去拍李花，结果去年还是错过了花期。昨天我寻找紫叶李的同时去找李花，李花不负有心人，尽管去得稍稍有些晚，树龄较大的李树已经花谢了，但还是有几棵树龄较小的李树正在开花。

李子是蔷薇科李属植物的果实，水果店中卖的黑布林和奈李等，其实都是李子。李子中抗氧化剂含量很高，是抗衰老、防疾病的"超级水果"。但要注意的是，李子不能多吃，多吃伤肠胃。

去年春天，一个周末，我与好朋友来了一场说走就走的旅行，两人乘坐高铁到江西婺源，看油菜花开。说实在的，我从小长在乡村里，油菜花怎能没有看过？与其说是去看油菜花，不如说是去与明媚的春光约会。在前往景点的路上，我远远看到一树繁花在路边，预感到这是我想了好些年的李花，下车一看，果然是李花。

这时节婺源真的很美，我高度怀疑，秦观的那首关于"桃花红，李花白，菜花黄"的词，是在婺源游玩时有感而写的。

行香子

树绕村庄，水满陂塘。倚东风，豪兴徜徉。小园几许，收尽春光。有桃花红，李花白，菜花黄。

远远围墙，隐隐茅堂。飏青旗，流水桥旁。偶然乘兴，步过东冈。正莺儿啼，燕儿舞，蝶儿忙。

去年高考结束后，有一个短暂的闲暇期，我与四个小姐妹乘飞机到泸沽湖，在那里漫游了四天。泸沽湖的天、泸沽湖的水和泸沽湖的水性杨花，美得让人无法形容。五个人包了一辆车，司机每天带着我们逛一小段路程，看看景，拍拍照，吃吃当地美食，优哉游哉。有一天，某位队友忘记带防晒帽，司机便带

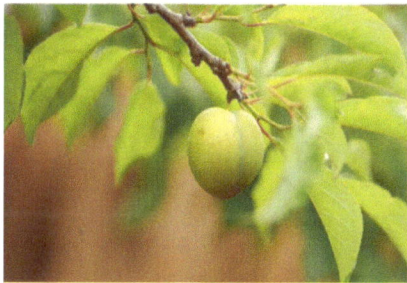
李子

我们到他家里去拿一顶备用。到了他家后，热情好客的司机小伙子，把我们带到他家后院摘水果。后院有个果园，李子正当时。我们从树上现摘了一大捧李子，在水龙头下用水冲洗了一下，便迫不及待地下口了。李子酸酸甜甜的，比市场上卖的要好吃不知道多少倍。

这是泸沽湖之行带给我的意外惊喜。

这些年，我四处寻觅李花与李子的踪迹，既是对"李花怒放一树白""不见花枝见雪城"壮丽景色的痴迷，也是对父亲深沉而持久的怀念。父亲，那位昔日播种知识的园丁，他的房前屋后，桃李争艳，绿篱环绕，恰似白居易笔下的"令公桃李满天下，何用堂前更种花"。每一朵绽放的李花，都仿佛承载着我对父亲无尽的思念，提醒着我，爱与传承，永远是最美的风景。

2020-03-22

紫叶李 | 莫摘李花繁满枝

李花

宋·王安石

朝摘桃花红破萼，莫摘李花繁满枝。

客心浩荡东风急，把酒看花能几时？

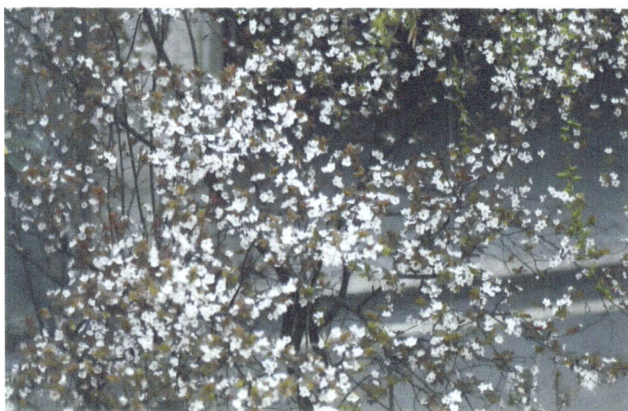

繁花满枝的紫叶李 （师大附中琢园）

　　前天开车从长沙普瑞大道经过，我发现行道树上的白花快要谢了，以为它们是紫叶李，不禁想起了王安石的《李花》："朝摘桃花红破萼，莫摘李花繁满枝。"昨天我便按捺不住出了门，到树前才知道这不是我心中的紫叶李，而是樱花。在小区旁边的小镇上，我发现几棵紫叶李，但花已落尽。我错过了今年的紫叶李花开吗？

　　今天上午上完网课后，我便出门到百果园去碰碰运气，记得那里的池塘边有几棵紫叶李，山上也有李树。幸运的是，我终于遇见了紫叶李的残花，虽大部分花瓣已经凋落，但留下的红红的萼片也甚是好看。

有一根紫叶李的枝条上，一朵花还残存着两片花瓣，一阵微风吹过，花瓣随即跌落。这一幕，让我心生感动：你们是在默默等着我吗？谢谢你们，安慰了一颗想念学校的紫叶李、想念学校的一草一木、想念同事们的爽朗大笑、想念孩子们的欢声笑语的心。

残存的美美的红萼

师大附中琢园，是我流连最多的地方，那里一年四季鸟语花香。早早报春的，除了柳条，便是那池塘边上的紫叶李了。紫叶李花开正旺时，满树缀着小红花的紫荆也会入你的眼。接下来，便是那棵晚樱，它突然盛开，也会随着一场春雨骤然消失。同时，红花檵木和映山红也会开始争奇斗艳。再过不久，不知道哪一天，阵阵花香袭来，你得低头找半天才发现，原来蘑菇亭下，还环绕着一圈平时很不起眼的栀子花。栀子花谢后，那些紫薇树便闪亮登场，花红得发紫。再后来，荷花玉兰也大朵大朵地开。池塘边的石榴花在夏日里火红火红的，让你不得不多看它们几眼。旁边那棵石楠树的花闻起来似乎有点鱼腥味，但它早春会冒出嫩嫩的红叶，冬天有浓密的树冠，让人无法对它生厌。桂花香飘校园、沁人心脾时，琢园的那几棵桂花树是作出了突出贡献的。到了冬天，不仅有傲雪迎霜的蜡梅点缀着琢园，还有茶花带着你熬过冬季走向春天，并迎来紫叶李的开放。一旦紫叶李花开，便是冬去春来。在琢园的四季更迭中，紫叶李在我的心中占据中心位置。

要说我完全错过了今年的紫叶李花，也不尽然。由于去年冬天干旱与反常的高温，校园里许多的植物反常开放，例如映山红、茶花、红花檵木、紫叶李等都在12月份零零星星开花了。我一直很担心，这些植物有的花芽禁不住暖冬的诱惑提前开了花，真正的春天来临时，它们还能像往年一样盛开吗？我本打算春天好好观察一下，不承想，这个春天因为新冠病毒感染疫情只能待在家里。为了不给学校防控工作添乱，我多次克制住想回校园的冲动。从2月盼到3月，眼看着3月底了，

紫叶李花开，冬去春来

我又盼着4月能够重返校园，眼底都要望穿了。

紫叶李别名红叶李，是蔷薇科李属落叶小乔木。紫叶李花色、花形清秀脱俗，果实呈紫红色，圆润可爱，是一种让人既可观花也可观果的植物。偷偷告诉你，我曾经尝过一粒掉落的果实，味道没有常见李子的酸甜可口，涩味较重。

● 诱人的紫叶李果

长沙的春天真的很短，气温像坐过山车般起伏。我只盼着疫情快快结束，让我们能够抓住春天的尾巴，肆无忌惮地赏花去。正如王安石诗中所言："客心浩荡东风急，把酒看花能几时？"

2020-03-21

阿拉伯婆婆纳｜镕园又见野花开

师大附中镕园里的梅花落得只剩下几朵挂枝头时，梅林边缘的灌木丛下，一群蓝色的小精灵，向我眨巴着眼睛。

它们有一个很有特色的名字——阿拉伯婆婆纳。

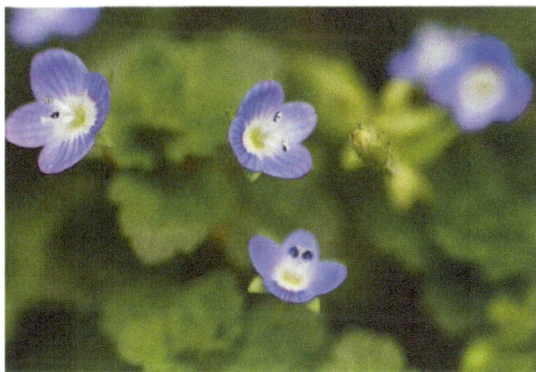
阿拉伯婆婆纳

阿拉伯婆婆纳，顾名思义，阿拉伯的婆婆纳，它的原产地不是中国，而是亚洲西部和欧洲。阿拉伯婆婆纳又名波斯婆婆纳，是玄参科婆婆纳属草本植物。

至于"婆婆纳"这一名字，有人说是源于其果实，花后结出的蒴果，有些像古代妇女用的针线收纳包，所以被叫作"婆婆纳"。

也有人说是缘于它的叶片形状，破破烂烂的，所以又叫它"破破衲"。

明代散曲家、画家王磐，针对数十种野菜，手工画图，配诗文，创作了一本《野菜谱》，婆婆纳（破破衲）被列入其中。

破破衲

破破衲，不堪补。

寒且饥，聊作脯。

饱暖时，不忘汝。

婆婆纳原产于西亚，虽说长得没有阿拉伯婆婆纳高大貌美，但在古代可能也曾是一种救荒野草。

婆婆纳

阿拉伯婆婆纳为什么长得这么貌美呢？

阿拉伯婆婆纳是婆婆纳与角果婆婆纳的杂交后代，它具有四套染色体，其中两套来自开紫红色花的婆婆纳，另外两套则来自开蓝色花朵的角果婆婆纳。也就是说，它兼具杂交品种的优势和多倍体的优势，难怪它长得更加高大，而且花色多变，有蓝色、紫色和蓝紫色的。

阿拉伯婆婆纳是两性花，雄蕊具有深蓝色的花药，很容易找到，但雌蕊颜色很浅，加上花瓣纹路的干扰，使我看了许久才找到它。

雄蕊　雌蕊　雄蕊
两性花

雌蕊　裂开的花药壁　散落的花粉
花药壁裂开散落花粉

正在专心拍花时，一只蜜蜂闯入了镜头。想要拍清这只蜜蜂可真不容易，它在每朵花上停留不到一秒便转移了阵地。起初我有些埋怨这只蜜蜂太"花心"了，后来看到它弯着身子辛苦劳作的样子以及被它压弯了的花，这才想起原来是因为阿拉伯婆婆纳太过于纤细，根本承受不住蜜蜂的体重，也许是怕伤害到阿拉伯婆婆纳，蜜蜂稍加停留便飞走了。

经蜜蜂这么一折腾，阿拉伯婆婆纳的花药壁裂开了，花粉散落，有的花粉被蜜蜂携带着到了另一朵花的柱头上，完成了异花传粉，实现了杂交。

我充当下福尔摩斯，推测阿拉伯婆婆纳的诞生，应是蜜蜂等异种传粉的结果。

假使没有蜜蜂等媒介，阿拉伯婆婆纳的雄蕊和雌蕊距离很近，一不小心触碰就会自花传粉。为了避免自花传粉，阿拉伯婆婆纳的花粉会分泌黏液把花药黏起来，使其不容易散落。到了黄昏，如果没有昆虫为它传粉，阿拉伯婆婆纳就会"弯下腰"，花冠闭合，雄蕊与雌蕊自然触碰，完成自花传粉，以便繁殖。

蹲在梅树下拍完照，发现裤脚早沾满了蓝色花粉。谁能想到这路边野花藏着这么多心机？既要靠蜜蜂传宗接代，又偷偷留着"自交"的后手，像极了现代人做事情必留候补方案的谨慎。当年王磐啃野菜时，估计也想不到"破破衲"的后代会变成混血美人吧。

2023-03-05

柠檬｜滚出来好多个车轮

今年长沙初春的温度如初夏一般。

校园里蜡梅、红梅、早樱次第开放与凋落后，红花檵木急急地登场了。

一向比较低调的柠檬也似乎提前开花了。

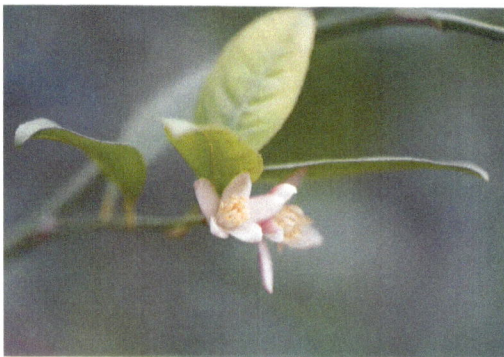

柠檬花开

这棵柠檬树，藏在打靶村东侧围墙边的一个小园子里，很少有人知道它的存在，去年我拍过它的果实。

苏轼的《东坡志林》有如此记载："吾故人黎錞，字希声……然为人质木迟缓，刘贡父戏之为'黎檬子'，以谓指其德，不知果木中真有是也。一日联骑出，闻市人有唱是果鬻之者，大笑，几落马。今吾谪海南，所居有此，霜实累累。"

苏轼所说的"霜实累累"的"黎檬子"就是柠檬，属于芸香科柑橘属大家庭中的一员。

柠檬花不像樱花、桃花以及梅花那样打眼，往往藏在绿叶中不容易被人发现。细看它的花，花瓣外面带些淡紫红色，里面白色，闻起来有一股淡淡的清香。

记得去年新冠病毒肆虐的时候，很多人推荐泡柠檬水预防新冠病毒感染或是减轻症状。用柠檬预防新冠病毒感染，没有找到科学依据，但柠檬富含维生素 C 倒是真的。维生素 C 又称抗坏血酸，它是一种强抗氧化剂，能清除体内自由基，减少氧化损伤。

清代医学家赵学敏在《本草纲目拾遗》中论及黎檬子的药性时给出了其食疗的方法，"腌食，下气和胃，怀孕不安食之良。制为浆，辟酷暑，又能解渴"。这几天胃受凉了，胃口很不好，刚刚去超市买了两个柠檬，切开泡水喝，希望能"下气和胃"。即使不能达到目的，也能补充维生素 C。加了点蜂蜜的柠檬水，味道酸酸甜甜的，还真是开胃。

车轮似的柠檬片

看到切开的柠檬片，想起了一首有趣的小诗。

柠檬

［日本］畑地良子　译者：朱自强

柠檬
一定是想到远方去。

薄薄地切一切
就会明白柠檬的心。

薄薄地切一切
滚出来好多个车轮。

散发着好闻的香味儿，
车轮，车轮，车轮。

柠檬
一定是想到远方去！

诗人的眼里，薄薄的柠檬片，竟然成了散发好闻香味的车轮，可以承载着梦想，奔向远方。

不得不佩服诗人的奇思妙想。

教室里，晚自习开始了，孩子们的晚读声像我杯子里的"车轮"滚动声一样，飘向远方。我抿一口柠檬水，觉得这酸酸甜甜的味道，特别像我们 17 岁的夏天——总想冲出围墙去冒险，又舍不得藏在课本里的蝉鸣。

2023-03-14

木瓜 | 投我以木瓜，报之以琼琚

前几天听了一节班会课，题为"感恩于心，回报于行"。班会课设计了三个环节：情暖校园、心念家庭、力效国家，最后以齐诵《诗经·卫风·木瓜》结束。主题鲜明，层层升华，让人印象颇深，以至于这两天我的嘴里也时不时冒出这几句来：

> 投我以木瓜，报之以琼琚。匪报也，永以为好也！
> 投我以木桃，报之以琼瑶。匪报也，永以为好也！
> 投我以木李，报之以琼玖。匪报也，永以为好也！

吟着吟着，脑子里蹦出这样的画面：在瓜果飘香的季节，一群美丽的姑娘在山里采摘野果子。姑娘们哼着山歌嬉戏打闹，欢声笑语引来了邻村的小伙子们。姑娘们大大方方地将采摘的果子赠送给小伙子们，小伙子们则纷纷解下腰间的美玉回赠给姑娘们。

你赠送给我一个木瓜，我回赠给你一块精美的美玉。这不是简简单单地答谢你，我要与你永结同心。

你赠送给我一个木桃，我回赠给你一块晶莹的美玉。这不是简简单单地答谢你，我要与你永结同心。

你赠送给我一个木李，我回赠给你一块珍贵的美玉。这不是简简单单地答谢你，我要与你永结同心。

起初，我觉得这似乎是青年男女谈情说爱的场景，与班会主题"感恩于心，回报于行"似乎有些偏离，但转念一想，是我理解得过于狭隘了。这首诗也可以理解为朋友、

玉皇山的木瓜花

亲人之间通过赠与回赠礼物而表达深厚情意的诗作。

诗中的木瓜、木桃、木李是什么呢？查了许多资料，众说纷纭。大家公认的是木瓜、木桃、木李都属于蔷薇科木瓜海棠属植物，分属于不同种。

湖南农大的贴梗海棠

记得曾在丈夫老家的山上见过老农晾晒的木瓜，便打电话给大嫂问木瓜花长什么样，又在网上下载图片通过微信请教三哥。昨天，侄儿终于拍到了老家湖北玉皇山上的木瓜花。识花软件告诉我，此木瓜又名榠楂，光皮木瓜，木李。

3月初，高中同学发给我一张贴梗海棠图，其花梗极短或近无，故名。其果实皮皱，又名皱皮木瓜。果实可入药，有舒筋活络与和胃化湿的功能，《中华药典》曾有记载。

还有一种毛叶木瓜，即木瓜海棠，海棠四品之一，据说小名木桃。果实亦可入药。

要特别说明的是，大众食谱上木瓜炖雪蛤的木瓜，不是上述蔷薇科植物的果实，而是热带、亚热带常绿软木质大型多年生草本植物的果实，其属于番木瓜科番木瓜属。

按照我的理解，解读《木瓜》诗时，大可不必穷究这些，木瓜、木桃、木李都是随手采摘的野果而已，因为《诗经》的缘故，木瓜、木桃与木李在许多古诗中成了爱情或友谊的信物。举几例为证：

番木瓜

玉案愧无酬锦绣，木瓜却用报琼瑰。（苏辙）

投我木瓜霜雪枝，六年流落放归时。千岩万壑须重到，脚底危时幸见持。（黄庭坚）

平生寂莫凤将雏，惭愧木桃犹报璧。（晁补之）

一曲阳春特相寄，惭将木李报琼瑶。（杨亿）

这些诗句，展现了古人以木瓜、木桃、木李为媒介，传递深情厚意及对他人情谊的珍视。而班会的主题"感恩于心，回报于行"，也正是对这种传统的传承与弘扬。无论是亲情、友情，还是家国情怀，感恩与回报始终是人与人之间珍贵的情感纽带。

2017-04-03

柳树 | 昔我往矣，杨柳依依

二月春风似剪刀，裁出柳树的细叶时，柳树也秀出它那嫩黄嫩黄的柔荑花序。在寒风中拍摄了半天，才聚焦拍到柳花与柳絮。

每当想写柳时，总是觉得词穷，感叹古人把写柳的词都用尽了。你说，还有什么句子比"袅袅城边柳""万条垂下绿丝绦""杨柳依依"更能表达柳之婀娜多姿，还有什么句子堪比"柳絮尚飘庭下雪"呢?!

"杨柳依依"出自《诗经·小雅·采薇》:

> 采薇采薇，薇亦作止。曰归曰归，岁亦莫止。
> 靡室靡家，猃狁之故。不遑启居，猃狁之故。
> ……
> 昔我往矣，杨柳依依。今我来思，雨雪霏霏。
> 行道迟迟，载渴载饥。我心伤悲，莫知我哀!

诗中描述的是一位戍役军士在战场上采摘野菜、思念家乡、浴血奋战及孤独返乡的故事。最喜欢的是以下几句:"昔我往矣，杨柳依依。今我来思，雨雪霏霏。"当年离开家乡戍边时，杨柳轻柔随风摇曳。如今回来路途中，大雪纷纷扬扬满天飘。道路泥泞难行走，又饥又渴，我心中满是悲伤、没人能理解我的哀伤。

白色柳絮

柳花

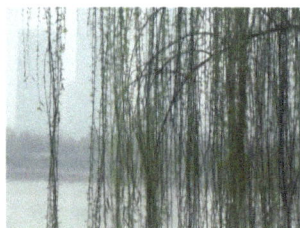
柳丝

《诗经》之后，唐诗宋词中常见关于描写柳丝、柳花、柳絮的名句。

柳丝，即柳树垂下的细枝。柳花，不是单生的，而是由许多小花按一定排列顺序形成花序。柳的花序为柔荑花序。柔荑花序是一种无限花序，花轴柔软常下垂，花轴上着生许多无柄单性花，开花后整个花序脱落。柳絮，其实是柳树的种子，上面有白色绒毛，随风飞散如飘絮，所以称柳絮。

我在记录和整理宋词中的植物时发现，柳出现的频率远远超过其他植物。为什么词人偏爱柳？柳在宋词中有什么意象？

柳，可以说是春天的使者。当冰雪消融春回大地时，梅花已谢新叶未发，柳芽却不经意地从柳丝上冒出来，柳丝袅袅婷婷的，随风而动。而且无论是河岸溪边、堤坝桥头，还是繁华都市、穷乡僻壤，随处可见它的踪影，自然而然，柳成了文人墨客笔下咏春、颂春、惜春与伤春的对象。"细雨斜风作晓寒，淡烟疏柳媚晴滩"，苏轼从曳于淡云晴日中的疏柳，觉察到萌发中的春潮。"东风吹柳日初长，雨余芳草斜阳。杏花零乱燕泥香，睡损红妆"，秦观借东风吹拂柳条，为女子春睡春思渲染气氛。"小雨纤纤风细细，万家杨柳青烟里"，朱服则在绵绵细雨、微微春风、杨柳密荫、青烟绿雾中发出了惜春伤春的感叹。"群芳过后西湖好，狼籍残红，飞絮蒙蒙。垂柳阑干尽日风"，欧阳修写出了暮春时节西湖的美：残花轻盈飘落，点点残红在纷杂的枝叶间分外醒目；柳絮飘飞，迷迷蒙蒙；柳丝向下垂落，在和风中摇曳多姿，怡然自得。"楼外垂杨千万缕，欲系青春，少住春还去。犹自风前飘柳絮。随春且看归何处？绿满山川闻杜宇，便做无情，莫也愁人苦。把酒送春春不语，黄昏却下潇潇雨"，女词人朱淑真，通过描写垂杨万缕、飞絮风飘、杜鹃哀鸣、春雨潇潇……描绘了一个多愁善感、把酒送春的女主人公的形象。

柳还常常是故国家园的代名词。古人喜欢种柳，家中庭院、山前山后遍植柳树，因而柳常作故乡的象征，它寄寓着人们对家园故土的眷恋。"依依宫柳拂宫墙，楼殿无人春昼长。燕子归来依旧忙。忆君王，月破黄昏人断肠"，南宋词人谢克家不言国破君被掳，但写宫柳依依，楼殿寂寂，一种物是人非之感跃然纸上。再如姜夔的词："空城晓角，吹入垂杨陌。马上单衣寒恻恻。看尽鹅黄嫩绿，都是江南旧相识"（《淡黄柳（空城晓角）》）、"问当时依依种柳，至今在否"（《永遇乐·次稼轩北固楼词韵》）。还有方岳的词："不见当时杨柳，只是从前烟雨，磨灭几英雄。天地一孤啸，匹马又西风"（《水调歌头·平山堂用东坡韵》）。

　　由于柳絮易随风飞逝，柳叶经不起秋风折腾很易变黄飘落，柳也往往成为世人感叹时光易逝、青春不再的对象。"叮咛再须折赠，劝狂风、休挽长条。春未老，到成阴、终待共游"，赵长卿以柳来感叹时光的飞逝，怀古伤今。"西城杨柳弄春柔，动离忧，泪难收。犹记多情、曾为系归舟。碧野朱桥当日事，人不见，水空流。韶华不为少年留，恨悠悠，几时休？飞絮落花时候、一登楼。便作春江都是泪，流不尽，许多愁。"此为秦观感叹青春易逝、伤感离别，"杨柳弄春柔"易使人联想到青春及青春易逝，"飞絮落花"使人感春伤别之作。"庭院深深深几许，杨柳堆烟，帘幕无重数。"庭院深深，不知有多深？在深深庭院中，杨柳笼上层层雾气。欧阳修寥寥几句，使人们仿佛看到一个被禁锢的与世隔绝的伤春之人。

　　柳也是离愁别恨的象征。"柳"与"留""丝"与"思"相谐，因而产生了以柳赠别和折柳寄远的风俗。古人与亲朋好友或情人离别时，往往折柳相赠以表达对离别者的不舍之情。有词为证："赠我柳枝情几许"（张先《渔家傲·和程公辟赠别》）；"长亭柳色才黄，远客一枝先折"（贺铸《石州引》）；"正拂面、垂杨堪揽结。掩红泪、玉手亲折"（周邦彦《浪淘沙慢》）；"渡头杨柳青青。枝枝叶叶离情"（晏幾道《清平乐》）。

　　可见，柳在中国古代文学中承载的意象丰富多样，它不仅是离愁别绪的载体，也是青春、春天等的象征。同时，它还承载着人们对故乡的思念和回忆。这些意象共同构成了柳在中国古代文学中的独特魅力。

2017-04-04

映山红｜一丛千朵压栏干

看到一位摄友发的美篇，介绍了长沙园林生态园的杜鹃花。我心为之所动，上午邀约朋友们去看看。大家都各自在忙，时间不合适，最终没有邀约成功。想起天气预报显示今晚就要开始下雨了，后面连续几天都是阴雨天，杜鹃花不等人，于是一个人出了门。

● 无拘无束生长的映山红

刚一入园，一株熟悉而又陌生的映山红跳入眼帘，让我惊喜不已。熟悉是因为它的枝形和鲜艳红色，陌生是因为太久没有见到这种我记忆深处无拘无束生长的映山红了。

说实话，校园里、小区里，经常见到杜鹃花，但那花色、那拥挤在一起的造型，一直没有勾起我拍摄它们的欲望。也曾经到大围山等几个杜鹃花海景区去观赏过杜鹃花，但或多或少总有些失望。因为人工修剪痕迹太明显，游人的足迹也太多；或许更因为记忆中的映山红实在太美，无可替代。

而今天在这个生态园里看到的映山红，倒有些记忆中的模样。纯正的红色，无拘无束生长的枝条，路旁、水边、山坡上，不时有几丛映山红在点缀着园林中春色。

在家乡，映山红有一个颇具乡土气息的名字——唢呐花。我猜这一名称的来源是因为它的花形像唢呐。唢呐是乡里常用的一种乐器，但凡哪家有红白喜事，一定会有唢呐声响起。红红的唢呐花不仅喜气、好看，还是我们的小零食，味道酸酸甜甜的。现在想起来，小时候我们真的吃过不少"野味"，除

记忆中的唢呐花

了唢呐花，还有酸模的茎、金樱子的果、茅草的根、野蔷薇的嫩茎……

后来，直到观看电影《闪闪的红星》，通过电影的主题曲，我才知道唢呐花原来有个好听的名字——映山红，歌曲《映山红》也成了我很喜爱的歌曲。再后来，读大学了，才知道映山红是杜鹃的别名，是杜鹃花科植物。

杜鹃在我国有很长的栽培历史了，它的品种非常多，花色各异。古代许多文人墨客曾经吟诵过杜鹃花。

晓行道旁杜鹃花

宋·杨万里

泣露啼红作么生，开时偏值杜鹃声。

杜鹃口血能多少，不是征人泪滴成。

杨万里认为杜鹃花的红艳并非完全由杜鹃鸟的啼血染成，而是可能融入了征人的离愁别恨之泪。诗人通过杜鹃花与杜鹃鸟、征人的关联，表达了自己对离别、思乡等情感的独特理解。

唐代诗人白居易多次将杜鹃花写入诗中，赋予其丰富的文化意蕴。

题山石榴花

唐·白居易

一丛千朵压栏干，剪碎红绡却作团。

风袅舞腰香不尽，露销妆脸泪初干。

蔷薇带刺攀应懒，菡萏生泥玩亦难。

争及此花檐户下，任人采弄尽人看。

杜鹃花又名山石榴，白居易写道：蔷薇花因为有刺，让人懒得去攀折，荷

花生长在泥塘中，想要把玩也很困难。怎比得上在屋檐下的杜鹃花，任凭人们随意采摘，尽情观赏。这首诗所描述的杜鹃花，不仅美丽，而且易于接近，"任人采弄尽人看"，这也是我喜欢映山红的一个理由。母校后面的永丰山上，有一大片映山红。每到春天，小伙伴们总会相约到山上去采映山红。采回来后，插在一个装水的玻璃瓶里。阴暗潮湿的高中女生宿舍里，有了映山红，顿时有了光亮。

宣城见杜鹃花

唐·李白

蜀国曾闻子规鸟，宣城还见杜鹃花。

一叫一回肠一断，三春三月忆三巴。

"诗仙"李白这首触景生情、怀念家乡的诗，让我明白，为什么我独爱这大红的野生杜鹃花，因为它是我心底的那一抹红，无其他颜色可以替代。

或许，我爱的不是映山红，而是家乡，是藏在心中的记忆。

2020-04-18

樱花｜闲绕花行便当游

2月底，师大附中云麓楼前的早樱就开花了，之后我便天天盼着它结果，期待着美美地享受一下它果实的酸甜味儿。十多年前就听赵姐说过它会结樱桃，住在学校里的很多人都吃过。因为这些年没有在云麓楼里上过班，早樱的花期与果期又比较短，我屡屡错过了。

早樱花开（云麓楼）

这个学期驻扎在云麓楼一楼，每天从树前走过，便盯紧了它。3月下旬看到了它果实累累的样子，4月中旬发现果实开始黄了，期盼着它快快变红。然而，前不久，我发现它的果实变少了。低头一看，只见一地果皮与果核。是谁偷吃了还没有成熟的果实？

大概是为了解答我的疑惑，几声欢快的鸟叫声传入我的耳中。抬头看，发现了"偷果贼"，终于知道这或许便是多年来我没有吃到校园樱桃的原因。

原来是这些漂亮的灰喜鹊在"偷吃"，看人家吃得多么大胆、多么欢快。我都不忍心责备它们了，默默地采摘了几个下来，尝了一口，味道淡淡的，没有想象中的那么酸甜。突然想到，我这是鸟口夺食啊。这两天发现，果子几乎被鸟儿们啄光了。地面上的果皮还有一些"清道夫"如斑鸠在帮忙打扫干净。

早樱结果了

"偷果贼"与掉落的食物残渣

云麓楼前东侧的这一丛樱树，不开花时你不觉得它们有什么异样。2月底它们便开了花，单瓣的。这个时期开花的，属于早樱品种，树上挂了标识牌——东京樱花，就是刚刚写到的结果的樱花。奇怪的是，到了3月底，它们又一次开花了，这次开的花更加鲜艳且富态些。细心的朋友们会发现，大多数枝条挂满了小小的果实，只有少数枝条开着花，花与果并没有同枝。

这是怎么回事呢？移步树下，仔细观察发现这里挂了两个标识牌，一个是东京樱花，一个是日本晚樱。东京樱花结果时，日本晚樱才开花，日本晚樱是复瓣的，几十年都没有见到过它结果。

不得不再次感叹我们园林工人的任性，将两种樱花栽种在一起，让不

早樱果与晚樱花同框

懂的人疑惑了多少回。好处是，让人在一处欣赏到了两种不同的樱花。不过也难怪工人们，东京樱花与日本晚樱本都是蔷薇科李属，本来就长得很像，小枝条更加难以区分。

校园植物挂标识牌时，这丛樱花树没有开花结果，是凭记忆挂的，今年早樱开花时我们才发现挂反了，等到晚樱开花时确认了才更换标识牌。

这一丛樱花中的日本晚樱原本是长得比较茂盛的，开花后气场比较足，也曾引人注目过。但现在发现日本晚樱花枝很少，长得稀稀落落的，不是像我这样爱花、爱观察的人，很难发现它的花。前些年云麓楼维修时，看到维修工人将渣土从上往下倒进了这丛树所在的花坛里，当时觉得怪心疼的。果然留下了

后遗症，这株晚樱的枝条应该是当时受损了。

其实校园里最好看的日本晚樱在琢园，曾经有两棵。每年4月，晴日繁花满枝，雨后落英铺地，那场景，吸引了一届又一届的师大附中人。后来不知什么原因，这两棵樱花没了，新近学校又在原处补种了几株樱花，3月30日看到它们开花了，白色单瓣樱花，树小，花少，不是很起眼。

● 琢园的日本晚樱

酬韩侍郎张博士雨后游曲江见寄

唐·白居易

小园新种红樱树，闲绕花行便当游。

何必更随鞍马队，冲泥踯雨曲江头。

校园樱花的美，不仅在于它的绚烂绽放，更在于它给我们的期待与惊喜。从早春的东京樱花到暮春的日本晚樱，它们用不同的姿态装点着校园。虽然琢园的樱花尚未长成，但它们的未来值得期待。或许在不久的将来，我们也能像白居易一样，在校园中"闲绕花行便当游"，感受满园樱花带来的诗意与美好。

2023-04-23

桑寄生｜茑与女萝，施于松柏

颂弁

有颖者弁，实维伊何？尔酒既旨，尔肴既嘉。岂伊异人？兄弟匪他。

茑与女萝，施于松柏。未见君子，忧心奕奕。既见君子，庶几说怿。

有颖者弁，实维何期？尔酒既旨，尔肴既时。岂伊异人？兄弟具来。

茑与女萝，施于松上。未见君子，忧心怲怲。既见君子，庶几有臧。

有颖者弁，实维在首。尔酒既旨，尔肴既阜。岂伊异人？兄弟甥舅。

如彼雨雪，先集维霰。死丧无日，无几相见。乐酒今夕，君子维宴。

初读这首诗时，以为是首爱情诗。主要是被这几句所迷惑："茑与女萝，施于松柏。未见君子，忧心奕奕。既见君子，庶几说怿。""茑与女萝，施于松上。未见君子，忧心怲怲。既见君子，庶几有臧。"后来才知道，这是一首贵族兄弟相聚的宴饮诗。诗中写一位地位显赫的贵族请他的兄弟甥舅们来宴饮作乐，赴宴者赋诗一首，表达我等是"茑与女萝"，贵族是"松柏"，生动形象地描绘了亲戚间的依存关系。

诗中的茑是什么？诗中的茑，是善于攀附的植物，一般认为是现在的桑寄生类植物。桑寄生又是什么模样呢？有空的话我可以带你到师大附中校门前的桃子湖去转一转，在湖边的柳树上，就着生有桑寄生。

3月份，生物组的小伙伴们到湘江边进行野外生态调查，发现了从未见过的紫花琉璃繁缕和银鳞茅。意犹未尽的一行人，返校时又拐到校门前的桃子湖溜达了一圈。曾经在桃子湖溜达过无数圈，那天我无意中一抬头，发现湖边的一棵柳树有异样，大家围过来一看，易老师说是桑寄生。生平第一次观察到桑寄生，很是惊喜。回头再一看，就在这株桑寄生的对面，还有一棵树上也有桑寄生。机会总是青睐爱观察的人，哈哈。

柳树上的桑寄生

桑寄生是什么？桑寄生是桑寄生科钝果寄生属常绿寄生小灌木。

柳树上的桑寄生是从哪儿来的？桑寄生的果实为浆果，成熟的果实黄黄的，对鸟类来说好看又好吃。桑寄生的果实被鸟雀等动物食用后，种子随粪便被排泄到其他树干上，当种子遇到合适的水分和温度条件时，便会在树干上发芽。发芽后的桑寄生，其根部组织开始侵入寄生体的树皮，随着时间的推移，桑寄生的根部组织与寄主完全融合为一体，形成紧密的寄生关系。桑寄生并不只寄生于桑树，它还可以寄生于桃树、李树、龙眼树、荔枝树、杨桃树、油茶树、油桐树、橡胶树、榕树、木棉树、马尾松或水松等多种植物的茎干或枝条上。寄生在柳树上的桑寄生，估计很多人没有见到过。桑寄生对生活条件要求很高，是空气污染指示植物之一。桃子湖有桑寄生"落户"，证明学校周边的环境是真的很棒。

并不是所有的植物都是营自养生活的，有些植物由于根系或叶片退化，或者缺乏足够的叶绿素，不能自养，必须从其他植物上获取营养物质而营寄生生活，它们被称为寄生性植物。

例如菟丝子，湘江边河滩上夏秋季节常成片生长。菟丝子叶片退化，叶绿素消失，根系蜕变为吸根，吸根中的导管和筛管与寄主的导管和筛管相连，并从中不断吸取各种营养物质。这类寄生方式称为全寄生，对寄主损害很大。而桑寄生，有绿色的叶片，能够进行光合作用合成有机物，但缺乏根系，以吸根的导管与寄主维管束的导管相连，吸取寄主的水分和无机盐。由于它们不与寄主争夺有机养料，因而对寄主的影响较小。这类寄生方式称为半寄生。

女萝又是什么？《诗经》中的女萝，一般认为是松萝。松萝与茑一样，也是寄生植物吗？非也。松萝其实是一种枝状地衣，是藻菌共生体，是附生植物而不是寄生植物。地衣中的藻类通过光合作用制造的有机物供真菌生长，真菌提供藻类所需要的水分、无机盐和二氧化碳，它们之间是互利共生的关系。松萝的菌丝具有黏性，可以黏附在树干或树枝上，细长的丝状体或分枝增加了与树干的接触面积，从而提高了附着的稳定性。这使得松萝能够更牢固地挂在树上，不易被风吹落。

菟丝子

附生植物在热带雨林中比较常见，它们通过发达的气生根固定在其他植物的树皮上，并从空气中收集水分和矿物质来获取营养。这种生活方式使它们能够适应密林的生活，获得充足的光照，并接触更多的动物传粉者。附生植物通常不会对其附着的植物造成损害，而是与之和谐共生。

茑与女萝寄生或附生的生物属性，在《诗经》之后的文学作品中，被赋予更多的意象。《九歌·山鬼》中"若有人兮山之阿，被薜荔兮带女萝"，以身披薜荔、腰系松萝的山神形象来凸显山神飘忽不定的行踪，女萝这种植物被诗人赋予了各种形神兼备的意义。"与君为新婚，菟丝附女萝"的诗句中，用"菟丝"和"女萝"来比喻新婚夫妇的亲密关系，表达了彼此间缠绵缱绻、永结同心的美好愿望。

植物丰润了诗，诗美化了植物。

2021-04-22

春草｜托根无处不延绵

春草

唐·唐彦谦

天北天南绕路边，托根无处不延绵。

萋萋总是无情物，吹绿东风又一年。

文前花絮

昨天约了几个小伙伴到尖山湖公园逛逛，在等朋友们时，闲来无事，便在路边的三叶草丛中找寻四叶草，遗憾的是寻觅半晌未果。晚上在存储卡里找通泉草照片时，无意中看到一张三叶草的照片，是一个月前在月亮岛拍的。随意看了一下，居然有一棵四叶草，不对，有两棵，还是不对，有三棵。这也太幸运

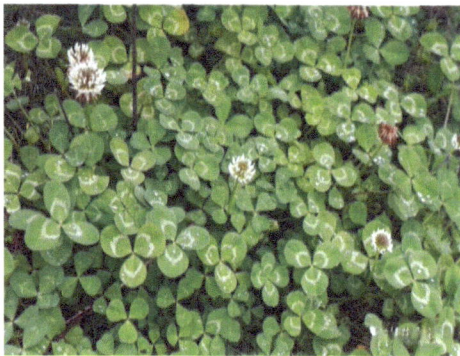
● 找找四叶草

了吧！大家不妨也找找看，或许能带来好运哦。

每当跟朋友出去游山逛园子时，时常会放慢脚步，因为我的目光总是会在路边那些小草、小花的身上多停留一会儿。请朋友们不要见怪，这都是因为这些小精灵太过迷人。

1　通泉草小精灵

某日慕名前往望城玉湖公园，发现这里其实是个樱花公园。别人在赏早樱的落花和晚樱的盛开，我却被林下那一丛丛通泉草小花惊艳到了！通泉草我见过、拍过不少，从来没有见过这样成片生长的，更没有见过这样亭亭玉立、婀娜多姿的通泉草。

● 通泉草小精灵

　　无论春夏秋冬，在花坛、草地、路边、林缘，低头看，便常会发现通泉草明媚地开着紫白的花，笑脸相迎。

　　每每看见通泉草，总让我想起一首很美的写它们的诗。

通泉草

朵朵

只要看见通泉草，
你就知道附近一定有水源。
只要想到那个人，
你就会有一种温柔的感觉。
只要打开某本书，
你就可以在喜悦里安顿自己。
只要痛哭一场后，
你的眼睛就会比以前更清明。
只要过了浑沌的夜，
你就会看见黎明的曙光从窗前升起。
万事万物都已经默默地被安排好了秩序，
一切其实不必担心，
就像通泉草
总是装饰着指水的野径，
就像指水的野径
总是通往着你如清泉般的心。

有没有觉得通泉草的花与泡桐花很相像啊，是的，尽管一大一小，一木本一草本，但它们都是玄参科植物。

关于通泉草这一名称的由来，我很是好奇，搜索了半天，无果，倒是发现有些网友把通泉草与母草混淆了。

2　母草小精灵

通泉草和母草都是玄参科植物，长得有点像，细细观察，两者还是有较明显区别的。通泉草的花上唇几乎看不到，下唇较大，有黄色斑点和绒毛，并且有两个裂口，中间凸起；叶片互生。母草花上唇稍微小一点，下唇有 3 个裂口，中间裂片较大，仅稍长于上唇；叶片是对生的。

● 母草小精灵

有没有觉得通泉草图中的小黄花太抢眼？本想裁剪掉的，实在是不忍心，就留下来了。那是稻槎菜的小黄花。

3　稻槎菜黄精灵

稻槎菜为菊科植物，与别的菊花相比，它的头状花序小小的，舌状小花细细的。稻槎菜的花序梗看似纤细，却总是高扬着它们的头，而且它们的花色，亮黄亮黄的，所以，无论在枯草还是绿叶中，稻槎菜总是能引人注目。

稻槎菜的细茎自基部发出许多簇生分枝及莲座状叶丛，像用毛线做的毽子。小时候与小伙伴们打猪菜时，采到较大的稻槎菜，便会当作毽子来踢两脚。有人问稻槎菜能不能吃，据我的经验，凡是猪能吃的，人也应该能吃。读小学的时候，学校有个大型的活动：吃忆苦思甜餐。忆苦思甜餐，其实就是用稻槎菜煮的一大锅稀饭。我记得自己喝了一小碗，味道似乎不苦。明天是不是去采点回来，再来次忆苦思甜餐呢？

稻槎菜小精灵

头状花序

4　蓝精灵阿拉伯婆婆纳

田间地头、花坛草丛中，阿拉伯婆婆纳，星星点点，花虽然细小，却蓝得高雅。

阿拉伯婆婆纳（岳阳）

阿拉伯婆婆纳和通泉草一样，也是玄参科植物。相比之下，我更爱这蓝色小精灵阿拉伯婆婆纳，见一回，拍一回，感动一回。

阿拉伯婆婆纳的花语是健康。借这些蓝色的小精灵，祈祷疫情能够早日结束，希望如期而至的不只是春暖花开和夏日骄阳，还有疫情过后健康的人们以及和平的世界。

文后花絮

今天下午在学校模拟演练复课事宜后返家，途经湘江边三汊矶大桥附近时，江边一丛白色的金樱子花勾引得我停下车，然后又被那里的大巢菜、小巢菜、黄花苜蓿、益母草等诱惑得滞留了近一个小时。待到夕阳渐渐落下，我这才想起该回家了。沿着江边的步行道慢慢往车边走去，突然发现装在口袋里的手机不见了。我惊出了一身汗，急忙原路返回去寻找，还好，手机就掉落在不远处斜坡的草丛中，应该是刚刚从公路边下坡走到江边步行道上时，坡有些陡，手机滑落出来了我也没有感觉到。

在暗自庆幸手机失而复得的同时，我不禁想到昨晚在三叶草图片中找到了四叶草，难道幸运就真的降临了吗？

在庆幸之余，我也不禁感慨，生活中的小确幸往往就藏在不经意的瞬间。就像偶然发现的四叶草，就像这些偶遇的春草小精灵，它们都在以自己的方式，默默点缀着这个世界，给我们带来惊喜和感动。

2020-04-09

蔷薇｜满架蔷薇一院香

山亭夏日

唐·高骈

绿树阴浓夏日长，楼台倒影入池塘。

水晶帘动微风起，满架蔷薇一院香。

要想知道 4 月中旬师大附中最漂亮的风景在哪里，请你走到学校大门口，面对假山瀑布，然后抬头向上望：红蔷薇，那一丛红蔷薇，正在怒放。

● 怒放的蔷薇花

如果因为红蔷薇爬得太高了，看不清，那就请你再沿着台阶往上走，走到世纪园，再往南望，红蔷薇在向你点头。

世纪园是师大附中最年轻的园子，原来这里只是一个停车坪，用来停放学生的自行车，几年前改建成了世纪园，南面修建了假山和瀑布。我总觉得园子里鲜红的雕塑与周围的环境有些不协调，园子的绿化也不是很好，无视它几年了。去年搬到广益楼上班，深秋的某个中午，无意间把自己锁在了门外，家和办公室都无法进去，便"流浪"到了世纪园，因为那里有长条凳可以休息。

那天天很蓝，银杏叶黄了，鸡爪槭红了，而且我发现，这里新建的小水池里，居然长满了黑藻。黑藻是观察叶绿体和细胞质流动的好材料，以后做实验就不用到桃子湖去找了。最让我惊喜的是，在水池边的假山上，一丛蔷薇已经结出了红红的果。

蔷薇红色的果实不光吸引人眼球，更能够吸引许多小动物，特别是鸟类。当鸟类吃下蔷薇的果实后，种子会通过鸟类的消化系统排泄出来，从而被传播到不同的地方。这种方式使得蔷薇通过利用动物来扩大其分布范围。

深秋多彩的世纪园

世纪园的蔷薇果

之前一直没有注意到世纪园里有蔷薇。对于这丛蔷薇的来源，我有个小小的猜想：某天，一只小鸟被师大附中校园里丰盛的樟树果实吸引，便到这里打了个尖。临走前，小鸟在世纪园的假山上小憩片刻，不由自主地随地拉了一团鸟粪，由此播下了蔷薇种子。蔷薇是适应力极强的植物，即使在这土壤贫瘠、干燥的假山上，它也适应了环境并茁壮成长了起来。

那天，在世纪园的长条凳上，暖暖的，晒着太阳的，除了我，还有一名学生和一位家长。一切那么自然而美好，我对世纪园的印象也大为改观。我心情有些许的急切，盼蔷薇花开。

终于迎来了春天，终于开学了。错过了今年校园的梅花、李花、桃花、樱花与泡桐花，幸好，没有错过蔷薇花开。

蔷薇花

唐·杜牧

朵朵精神叶叶柔，雨晴香拂醉人头。

石家锦幛依然在，闲倚狂风夜不收。

亲爱的学生、同事、朋友们，当你走到广益楼前时，不妨稍稍放慢一下节奏，向东走几步折到世纪园，去欣赏一下由蔷薇花开带来的满园春色吧。

身临其境的你，一定能体会到蔷薇花"朵朵精神叶叶柔，雨晴香拂醉人头"的美丽和芳香。

2020-04-19

女贞 | 山矾风味木樨魂

美丽的附中校园，5月初最为耀眼的植物是什么？当属木樨科女贞属植物，它们盛开着各种小白花，招摇得很。宋代张镃曾经盛赞女贞，说它们"山矾风味木樨魂"。

眼儿媚·女贞木
宋·张镃

山矾风味木樨魂，高树绿堆云。水光殿侧，月华楼畔，晴雪纷纷。

何如且向南湖住，深映竹边门。月儿照著，风儿吹动，香了黄昏。

山矾，也称为山桂花，属于山矾科植物。它通常在春天开花，花朵小而白，香气清幽。木樨，就是我们常说的桂花，它属于木樨科植物。桂花在秋天盛开，花朵虽小但香气浓郁，被誉为"金秋骄子"。张镃说女贞不仅有山矾花的韵味，还有桂花那种浓郁、持久的香气和富贵、高雅的精神。我赞成张镃的观点，最近被女贞迷得有些神魂颠倒。

那天天气很好，蓝天、夕阳与绿树相映衬，下班归家，心情很放松，车行到三汊矶大桥附近时，窗外的几丛悬瀑般的白花灌木撞入我的眼中。我对花的诱惑毫无招架之力，乖乖地把车停在桥下的停车场，由此开启了我的探究之旅。

走近这丛花瀑，发现旁边还有一株小的，花开得略迟些。刚开始想当然认为是小叶女贞，

悬瀑般的小白花

但在拍摄的过程中发现，两株树的花蕊颜色不同。高大灌木的花，花药偏黄色；而矮小灌木的花，花药是紫色的。除此之外，看不出其他区别。用识花软件查找，形色君说是小叶女贞，花伴侣却说是小蜡。到底是小蜡还是小叶女贞？或是一种为小蜡一种为小叶女贞呢？一下子激起了我的求知欲望，想要查个究竟。

花药黄色

　　在网上搜寻，不少热心的博主对怎样区分小蜡和小叶女贞做了非常详细的说明，而且图文并茂，他们认为可从叶形、叶色、花形、花梗等多方面区分。看完别人的文章后信心满满觉得可以分清它们，可一看到实物又傻眼了，"纸上得来终觉浅"。之后几乎每天路过此处，都要下车观察一番，可是将两种女贞看来比去，越看越糊涂。之后在岳麓山上、桃子湖边、普瑞大道上，又多次拍到它们，却无法确认。

　　纠结了好一阵后，才斗胆向易老师请教小蜡和小叶女贞的区别，易老师说要重点看花瓣和花药。一种花瓣圆一些短一些，花丝也较短；一种花瓣长一些尖一些，花丝较长。一语道破天机，原来我在湘江边、岳麓山上、桃子湖边拍到的全都是小蜡，我看到两种不同颜色的花药，其实是它们处于不同的发育时期。小蜡花期比其他的女贞要早些，我拍花之初，校园的女贞花都还没有开放呢。

花瓣较长　花筒较短

花瓣较短　花筒较长

　　根据易老师的点拨和我的观察，现在可以确定的是，小蜡与其他女贞相比，有较长的花梗、较长的花瓣、较短的花筒、较繁的花序、较细且较长的雄蕊，最为独特的是，小蜡的花药一般是粉紫色的。小蜡在女贞属中花形也较为柔美。

　　而我见到的其他女贞，花瓣较短，花筒较长，花梗非常短或没有，雄蕊较粗大，整个花形看起来刚直一些。

迷茫了数日终于认清了小蜡，这才有了点成就感。想起网课结束回校复课时，边画边为学生讲了一节关于如何用数学的加法和乘法原理来理解孟德尔遗传定律后，有个学生一下课就激动地向我汇报："这节课我好激动！自学了好久没有弄清楚的问题，这节课终于听懂了！"哈哈，我这几天也有同样的感受，谢谢我的老师！学生的进步离不开老师的点拨，我的职业自豪感也得到了增强。

这几天小蜡花基本凋谢了，校园里花开正盛的还有两种女贞：一是攀登路樟树底下的绿篱，二是镕园洁齐亭周边的绿篱。易老师说分别是金森女贞和金叶女贞。

过去在我的脑海里只有两种女贞：一种是女贞树，另一种是小叶女贞。

● 金叶女贞 (洁齐亭)

● 金森女贞 (攀登路)

女贞树是高大的乔木，四季常绿，过去常常用作行道树。我的高中母校临湘市第二中学校园里曾经种了许多女贞树，从校门口到教学楼的人行道两旁的女贞树高大浓密，树荫下留下了我们许多快乐的记忆。不记得它开花的模样了，但它的果实深深留在我的记忆里。记得有一年老师号召我们采集女贞的果实，好像是用来援疆或援藏，至于是送去药材还是送去种子，就不知道了。《本草纲目》里记载了女贞名称的来历："此木凌冬青翠，有贞守之操，故以贞女状之。"清代文人戴亨曾经用诗文赞赏女贞："嘉树植中庭，号为女贞木。岁寒色不凋，霜雪从相酷。"

小叶女贞则是大学老师教我认的。可惜我学习时没有完全掌握，导致现在将金叶女贞、金森女贞、小蜡等统统都误认为是小叶女贞。

5月的脚步渐行渐远，校园里的女贞花们也逐渐凋谢，但它们留下的香气却久久不散，令我沉醉其中。

2020-05-10

枇杷｜五月枇杷黄似橘

3月份，静给办公室的同事们分享了枇杷果，吃完后我习惯性将枇杷种子埋入了养着紫堇的花盆里，后来便忘记了它，不承想它们居然发了芽、健康成长起来。

枇杷种子容易发芽，是上一届的学生璐教给我的。璐在高三时用一些小的瓶瓶罐罐养了一些小植物，摆在教室里，有时候搬到教室外的露台上晒晒太阳，经常把她的宝贝拿出来与我分享一下，其中有一盆宝贝就是枇杷。

枇杷苗

枇杷比较好养，陆游也有诗证明：

山园屡种杨梅皆不成枇杷一株独结实可爱戏作

宋·陆游

杨梅空有树团团，却是枇杷解满盘。

难学权门堆火齐，且从公子拾金丸。

枝头不怕风摇落，地上惟忧鸟啄残。

清晓呼僮乘露摘，任教半熟杂甘酸。

摘果器具

上周六一个人到百果园转悠，恰逢枇杷园首次开园采摘。花了40元买门票进入枇杷园，管理员给了我采摘的工具：一个篮子和摘果神器。摘果神器像个捕虫网，在布兜的口边有一圈宽铁齿，看准某个果子后，用网上的铁齿套住，轻轻一勾，枇杷便落入囊中。第一次用这样的神器采摘水果，觉得很好玩，园子里的枇杷熟透了的并不多，要不是正午的大太阳照得我有些头晕，我会把它们摘光的。第二天带到办公室里给同事们吃，得到一个奇特的评价：是枇杷的味道。

枇杷是蔷薇科、枇杷属植物。

唐朝诗人羊士谔在《题枇杷树》中写道："珍树寒始花，氛氲九秋月。佳期若有待，芳意常无绝。袅袅碧海风，濛濛绿枝雪。急景自馀妍，春禽幸流悦。"诗人写出了枇杷与其他很多果树的不同，秋日养蕾、冬天开花、早春挂果，初夏果熟，为"果中独备四时之气者"。枇杷在秋末冬初开花，此时

枇杷花（百果园）

气温较低，许多植物已经结束花期，因此枇杷花成为昆虫们的重要蜜源，其传粉的成功率大大增加。

"大叶耸长耳，一梢堪满盘"（杨万里）、"五月枇杷黄似橘，谁思荔枝同此时"（梅尧臣），枇杷树叶子较大，果实金黄，是园林常见的观赏树木。

校园的枇杷果

学校家属区二栋前的枇杷树今年也开始结果了。这棵枇杷树是荣和艳从花盆里移栽过来的，移过来时大概一米高，五年左右的时间，枇杷树已经长得约有三米高了，今年是第一次结果。

于动物而言，枇杷甜美的果实能够吸引鸟类、蝙蝠等动物前来取食。动物在食用果肉的同时，会将种子传播到新的地方，帮助枇杷扩大分布范围。于人而言，枇杷具有润肺、止咳、健胃、清热的功效。我曾经用枇杷、川贝与冰糖文火煎了一锅川贝枇杷膏，止咳效果一般，但那味道倒是极好。

"五月枇杷黄似橘"时，我们不妨停下脚步，细细品味它的甘甜与芬芳。无论是亲手采摘，还是自制枇杷膏，都是对自然馈赠的一种感恩与回馈，也为生活增添了一份健康与诗意。

2021-05-16

杨梅｜杨梅今熟未，与我两三枝

赠乌程杨苹明府

唐·秦系

策杖政成时，清溪弄钓丝。

当年潘子貌，避病沈侯诗。

漉酒迎宾急，看花署字迟。

杨梅今熟未，与我两三枝。

我盼杨梅的心情有如唐朝诗人秦系：杨梅现在成熟没有？如果成熟了，请给我两三枝。心想事成！前天我正在批改作业，办公室西头吆喝声响起："吃杨梅啦，又大又甜！"我匆匆忙忙把手头几本作业批改完后冲过去，不是怕吃不到，而是想快点拍摄。我毫不客气抓了一把回来，先摆拍，再品尝。甜中略带酸味，嗯，是我想象中的味道。吃罢杨梅，忍不住又到校园里的杨梅树下转转。昨天是青的，今天还是青的。

校园里有两棵杨梅树，一雌一雄。雌株在食堂前的东侧，雄株在食堂前的西侧。好像是学校举行 115 周年校庆那年移栽过来的，这些年没怎么留意过它们。

3 月 4 日那天，我跟易老师一路走到食堂去吃饭，发现食堂前西侧的杨梅开花了。身材高大的易老师伸手一探便拽住了一根花枝，看了看花，说是雄花序，上面可见花药。再看西侧那棵杨梅树，还没有开花。为什么这棵杨梅不开花呢？它是雌株还是雄株？杨梅雌花是

杨梅雄花序（师大附中）

怎样的？

花枝招展的雄株

朴实无华的雌株

　　周末特地跑到百果园寻找雌杨梅树。百果园中心地段有一小片杨梅林，大概是供游客观赏的，没有围栏。林子里有二三十棵杨梅树，有两列树枝上都开着艳丽的雄花；中间有一列树，似乎没有开花。

　　在林子里转悠了几圈后有些不甘心，再仔细看看那些没有开花的树，才发现它们的秘密：不是不开花，而是花开得非常低调，不仅花序短小，而且花序藏在繁茂的枝叶中，不细看都不知道它们开花了。

　　杨梅艳丽而又粗壮的雄花序，可以吸引更多的昆虫或借助于风力来传粉。那些低调开花的树一定是雌杨梅树了。

杨梅雌花序（百果园）

　　回到学校后再仔细观察食堂东侧的杨梅树，发现它其实也在开花，是雌杨梅树。终于弄清楚学校两棵杨梅树的身份了，高兴得逢人便说：学校的杨梅树开花了，等着吃杨梅吧。20天过去了，花还是花。4月份，学校的杨梅树终于结果了。我坐等果熟。一个多月后，果还是那么青。要怪就怪长沙的天气。开春以来，长沙的雨就没有消停过。光有雨露而没有阳光，今年校园里的那些花呀果呀都长得不是太好。

　　吃到了外地运来的杨梅，盼杨梅的心更切了。

　　昨天发现后湖的杨梅已经黄了。

今天终于放晴，明天还是晴天。校园里的杨梅也要熟了，翘首以待。

杨梅

明·强仕

五月熟杨梅，匀圆如火齐。

说似西江人，口角流清沚。

其实我只是盼望着看到那红红的杨梅果高挂在树上，并没有像诗人所描写的"口角流清沚"。每次吃杨梅之前，总要用盐水泡一泡，怕里面有小白虫，有时候还真的泡出了小白虫。杨梅的果肉较为柔软，且富含糖分、维生素以及多种矿物质成分，这些营养成分容易吸引果蝇等昆虫前来产卵。果蝇的幼虫，也就是俗称的杨梅蛆或小白虫，会在杨梅内部孵化并生长。

后湖的杨梅黄了

杨梅的酸甜滋味，承载着初夏的期待与美好。尽管吃杨梅时总有些顾虑，但它仍然是夏日里不可或缺的美食。正如生活中的许多事物，虽有瑕疵，却依然值得珍惜。

2021-05-30

栀子｜香似玉京来

　　课间在楼梯间稍作停留，一阵馥郁的花香扑鼻而来，原来是校园里的栀子花悄然绽放了。

　　校园里有两处可以观赏到栀子花，一是艺术楼前，二是琢园的蘑菇亭旁。

　　师大附中的校友们，看到栀子花开，脑海里或许会不由自主地回荡起校友何炅的那首《栀子花开》：

栀子花开　so beautiful so white

这是个季节　我们将离开

难舍的你害羞的女孩

就像一阵清香萦绕在我的心怀

栀子花开　如此可爱

挥挥手告别欢乐和无奈

光阴好像流水飞快

日日夜夜将我们的青春灌溉

栀子花开呀开　栀子花开呀开

像晶莹的浪花盛开在我的心海

栀子花开呀开　栀子花开呀开

是淡淡的青春　纯纯的爱

栀子花开　如此可爱

……

　　6月初，正是毕业季。栀子花开，暗香盈袖，洁白的花瓣宛如孩子们淡淡的青春与纯纯的爱。

　　我的栀子花情结，缘于童年。桃花、李花是要结果的，不能随意采摘。春天来了就盼映山红盛开，映山红谢了，又盼着栀子花开。采一把野花，插在装水的搪瓷缸里，暗淡的屋子里顿时明艳起来。如今，我家南北阳台上各养了一盆栀子花。北阳台上的那盆是 2018 年买的，当年花谢后，第二年便不再开花。然而，今年它却意外地冒出许多可爱的花蕾。因为北面阳光不足，我生怕它不开花，连晾晒衣服都小心翼翼的，不让衣服挡住它的阳光。终于，5 月 15 日清晨，第一朵栀子花悄然绽放，随后每天一朵，九朵栀子花依次开放，香气弥漫。

栀子花开

水培栀子

家里的洗手台上，疫情期间自制的塑料花瓶中，一株栀子最近也长出了白色的根。水养栀子的经验来自姐姐。记得姐姐刚刚工作时，跟同事合住在一间狭小的房间里，爱美的姐姐用罐头瓶养了一株栀子。那瓶栀子养了好些年，透过玻璃瓶看到那些长得越来越密的白色不定根，感觉植物的生命力是如此的神奇。那种感觉记忆犹新。后来我自己也养过几次，不知怎么回事，一次也没有养活过。今年这株栀子真的是很给我面子，感恩！

今天在菜市场，看到了久违的单瓣栀子花，而且是没焯水的新鲜花，称了半斤回来做菜吃。每年的这个时候，我都要买点栀子花尝个鲜，不过往年买的都是半成品，今年想自己弄。先用清水洗净，再用开水焯一下，用冷水漂洗时看到栀子的花蕊，这才想起花蕊很苦是不能吃的。赶紧清除花蕊。雌蕊还好，

单瓣栀子花

可以轻轻抽出，可那些雄蕊紧贴在花瓣上，要一根一根地剥除，一边剥一边心里有些不安：那苦味是不是已经渗入花瓣了？耗费将近一个小时，好不容易制作好成品，试吃一下，果然味苦。幸好家人比较给面子，一盘味道有些苦的栀子花几乎被吃光。

洗栀子花时发现水变黄了，这才想起栀子黄黄的果实。城里的重瓣栀子似乎从来没有结过果，太久没有看到过栀子的果实，差点都忘记栀子还能结果了。宋代诗人蒋堂曾经写过栀子花，把它的果实称为黄金子。

栀子花

宋·蒋堂

庭前栀子树，四畔有桠杈。

未结黄金子，先开白玉花。

栀子果实在我的家乡被称为"黄桔子"，大概是乡音的缘故，其实应该叫"黄桅子"。剥开新鲜的果实，手指会被染得黄黄的，很难洗掉。因此大人们常用它来染布。

栀子果

栀子的果实也是一味常用的中药，有泻火除烦、清热利湿、清肝明目、消肿止痛的功效。

我有一个小小心愿：希望哪天在山中，能够重逢那黄栀子，感受它的生命与芬芳。

栀子花，不仅是夏日的一抹清香，也是时光的再现。它用洁白的花瓣和馥郁的香气，诉说着青春的纯真与岁月的静好。

2020-05-24

第二篇

夏条绿已密

凌霄｜苕之华，其叶青青

又到了凌霄开花时节，满墙的橙黄花朵再次映入眼帘，仿佛将我带进《诗经》时代。

苕之华

苕之华，芸其黄矣。心之忧矣，维其伤矣。

苕之华，其叶青青。知我如此，不如无生。

牂羊坟首，三星在罶。人可以食，鲜可以饱。

一位饥肠辘辘的诗人站在盛开的凌霄花前黯然伤神：凌霄花开得黄艳艳，我却心忧伤；凌霄的叶子长得绿油油，我却穷困潦倒，宁愿自己不曾降生于世上。你看那母羊头大身子小，鱼篓也空荡荡的，怎能靠它们饱肚肠！

诗中的苕，古称陵苕，现称凌霄花，是紫葳科的攀援植物。

凌霄花

凌霄枯枝

沉浸在思绪中，耳旁响起了学生的发问声：

"老师,那围墙上的化好漂亮哦。它是什么花?"

"凌霄花。"

"凌霄花?是《致橡树》里的凌霄花吗?是《诗经·小雅·苕之华》中的凌霄花吗?"一位语文老师也好奇地问道。

"是的,围墙外面那栋宿舍的墙面上,是它们过去繁华的见证。"

学生又问:"它们为什么枯死了呢?"

"这应该是被人剪断了。"

"这么好看的花,人们为什么要剪断它?"

"这——大概是它们对那栋楼居民的生活有影响吧。"

校园里的凌霄花,我曾经写过几次,今天又忍不住再次提笔写它,一是受学生之问的影响,二是因为假期在青岛,我看到了凌霄花的另一面。

在崂山太清宫内,有两处奇观:一是侧柏凌霄,一是汉柏凌霄。

据导游介绍,侧柏凌霄的主干是一棵巨大的侧柏树,树龄有 700 多年。这棵树北侧根部生长着一株凌霄树,树龄也有百余年了。凌霄分为三支,像三条青龙紧紧缠绕在侧柏树干上。

汉柏凌霄是青岛树龄最大的古树,据《崂山太清宫志》记载,它由开山始祖张廉夫亲手栽植,距今已有 2000 多年历史。

我是 7 月下旬到访的,虽然太清宫里的凌霄花花期已经快要结束了,但我还是见识到了凌霄花那种凌云直上、气冲霄汉的气势。

然而,侧柏凌霄的侧柏在哪里?

● 汉柏凌霄

● 侧柏凌霄

在侧柏凌霄图中，色深的是侧柏的主干，两旁色浅的是凌霄的枝，绿色的是凌霄的叶。我抬头苦苦找寻侧柏的枝叶，根据叶形勉强找到了一两枝，但拍摄时总是不清晰，因为画面全被凌霄占了。倒是"汉柏凌霄"还可见到柏的身影，因为攀缘其上的凌霄花目前长势较弱，柏树的主干上有一裂缝，那正是凌霄主枝依附的地方。可是，再过几十年，"汉柏凌霄"的柏是不是也像"侧柏凌霄"的柏一样濒临死亡？一旦柏木枯朽，凌霄又何所倚呢？

当太清宫里的游人们赞叹凌霄花之壮美的时候，我却深深地替那两株柏木担忧。凌霄花具有超强的攀缘能力，靠的是它的气生根。正如唐代诗人白居易在《凌霄歌》中所吟："有木名凌霄，擢秀非孤标。偶依一株树，遂抽百尺条。"凌霄花长势过于旺盛而抢夺阳光，影响了所攀缘的植物进行光合作用，从而使之渐渐失去竞争能力。长期如此，被攀缘植物便逐渐枯死。

凌霄的气生根

凌霄花大色艳，直冲云霄，气势磅礴，有人赞叹；凌霄没有坚硬的主干，只能靠自身的努力一步一步攀缘而上，有人钦佩；凌霄攀附其他植物而上，却又置其于死地，有人气恨……

不同的人对凌霄花的态度褒贬不一。

和王仲仪二首·凌霄花

宋·梅尧臣

草木不解行，随生自有理。

观此引蔓柔，必凭高树起。

气类固未合，萦缠岂由己。

仰见苍虬枝，上发彤霞蕊。

层霄不易凌，樵斧谁家子。

一日摧作新，此物当共委。

诗中，诗人通过描绘凌霄花的形象，表达了对这种植物的赞美和敬意，同时也借助凌霄花的意象，传达了自己对于坚韧、不屈不挠精神的理解和追求。

凌霄花

宋·贾昌朝

披云似有凌云志，向日宁无捧日心？

珍重青松好依托，直从平地起千寻。

诗中，既赞美了凌霄花积极向上的精神风貌和坚韧不拔的生命力，也隐含了对依赖性和攀附性的警示。这种复杂的意象表达，使得诗歌在赞美凌霄花的同时，也富有深刻的哲理。

致橡树

舒婷

我如果爱你——

绝不像攀援的凌霄花，

借你的高枝炫耀自己……

而在《致橡树》中，凌霄花的意象被舒婷视为批判和反思的对象，她通过这一意象表达了对依附性关系和缺乏独立性行为的否定和警惕。同时，这也体现了舒婷对独立、平等、互相尊重的爱情关系的向往和追求。

回到学生的问题上来，为什么有人要斩断凌霄的根呢？

由于凌霄的攀爬能力特别强，它会铺天盖地占满整个墙面，填满窗户，阻挡阳光照进房间，影响空气流通，还会滋生蚊虫等，影响住户的生活质量。而且，凌霄花的竞争能力特别强，养凌霄花的地方，其他植物几乎都不能正常生长。所以，有人不得不忍痛割爱。

凌霄花，美与争议并存，既是壮志的象征，也引发依附与生态平衡的思考。学生之问，让我深思人与自然和谐之道。愿我们在欣赏凌霄花之美的同时，学会尊重生命，与自然和谐共处，让每一个生命都能自由绽放。

2023-08-27

落花生｜金黄的喉舌在叶底歌唱

这几天得了几张照片，在网上觅得一首有点意思的小诗，特地作文以记之。

落花生

匠丽氏

金黄的喉舌，在叶底歌唱

初夏的雨里

背着药箱的蜜蜂

忙得像个保健医生

拖曳电缆，往地里开掘

一孔黑窑洞

布置起来，麻屋子

红帐子

新婚的喜房

南山脚下

最适合恩爱的隐居

孩子们的笑声

是最好的乐音

关于诗中的"麻屋子""红帐子"，我想大家应该知道里面还住了个"白胖子"，整首诗写的就是花生。

我忍不住好奇，这位匠丽氏是不是学生物的？至少也是生物爱好者或细心观察者，不然，怎么写得出"金黄的喉舌，在叶底歌唱""背着药箱的蜜蜂""拖曳电缆，往地里开掘"这样的明显富有生物学气息的诗句来？

"金黄的喉舌，在叶底歌唱""拖曳电缆，往地里开掘"是什么意思呢？

花生的英文单词为 peanut，pea 为豌豆，nut 是坚果，合起来是像豌豆一样的坚果。花生与豌豆确实有些渊源，它们都是豆科蝶形花亚科植物。

诗中"金黄的喉舌"即指花生金黄色的花，花生的花藏在繁枝浓叶中，要不是金黄色很亮眼，还很难被人发现。

花生花

花生开花受粉后，花冠很快凋萎，而子房柄迅速向地面弯曲生长，使子房插入土中，膨大形成果实。子房顶端呈针状，所以子房连同子房柄合称为果针。

诗中"拖曳电缆，往地里开掘"即指花生的果针向地里生长的过程。

落花生为什么要将果针伸入土里生长呢？花生果针伸入土壤中生长主要与其生物学特性和繁殖策略有关。

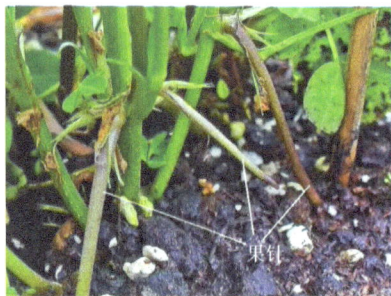
果针
伸向土壤的果针

花生在地面上开花受粉后的子房怕光，需要在黑暗和潮湿的环境里发育。因此，子房在受粉后会形成果针。果针具有向地性，会主动伸入土壤中，使子房在土中发育膨大成果实。这样，果实就能避免光照的干扰，并在一个更稳定、湿润的环境中生长。当果实成熟后，落入土壤中的种子可以顺利地发芽生长，繁衍后代。这种生长方式也是花生为了保证种子安全、防止被外界因素破坏而采取的一种生存策略。

花生有一个别名叫长生果，据说是因为它的营养价值很高。我倒是觉得这可能还与它本身的一个特点有关，那就是花生在坚果中是比较经久不坏的。几年前乡下的亲人送了一袋生花生给我，搁在家里忘了吃。今天想起来后打开一看，籽粒如新，尝尝味道，还是有如新花生一样，甜甜的。如果是核桃、板栗之类的，早就坏掉或变味了。花生能够保存较长时间，主要归功于它的"麻屋子"（果皮）与"红帐子"（种皮）。

花生还有一个别名叫番豆。"番"指外国或外族，带"番"字的，如带"洋"字的一样，一般是舶来品。如番茄（西红柿）、番薯（地瓜）、番碱（肥皂），都来自海外。据名可知番豆来自外国。

从唐诗、宋词等文人的记述来看，似乎没有关于花生的记载，这大概也可以佐证一下上述说法吧。

在师大附中生物竞赛培训室外面的走廊上，有几盆花，其中一盆就是花生。今天下午特地过去看看，发现花生的花已经谢了。仔细观察了基部，暂时还没有看到下垂的果针。见花生植株被晒得有些蔫了，准备到培训室里去接点水浇一下，发现培训室空无一人。打电话问了黄教练，原来刚刚参加了初赛的孩子们又紧锣密鼓地到湖南师范大学生命科学学院参加实验内容培训去了。

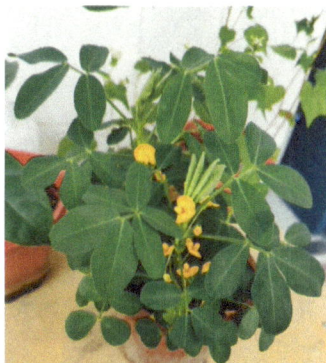
生物竞赛培训室外之花

黄教练说，室外花盆里的花生、荞麦、绿豆之类的作物，都是孩子们自己种的。他们每天精心呵护，耐心待其成长。

孩子们独独选择了这些低调的作物来种植，倒是让我想起了读小学时学的课文《落花生》。

父亲说："花生的好处很多，有一样最可贵。它的果实埋在地里，不像桃子、石榴、苹果那样，把鲜红嫩绿的果实高高地挂在枝头上，使人一见就生爱慕之心。你们看它矮矮地长在地上，等到成熟了，也不能立刻分辨出来它有没有果实，必须挖起来才知道。"

我们都说是，母亲也点点头。

父亲接下去说："所以你们要像花生一样，它虽然不好看，可是很有用。"

生物竞赛组的孩子们，想必也传承了他们的教练、生物组老师们的优良品行：低调行事，力争做个对社会有用的人。

预祝孩子们竞赛之花结出硕果，有朝一日终成民族复兴之大器。

2021-07-23

荞麦 | 花开白雪香

那天到生物竞赛培训室去拍摄学生养的花生花，意外看到了一盆荞麦，花开正旺。几十年没有看到过荞麦花，这一重见，我激动得眼眶都有些湿润了。

记忆最深的不是荞麦花而是荞麦粑粑，父亲做的，真的很香。

端午节前后，突然很想吃荞麦粑粑。见网上有荞麦粉卖，便买了两袋，加糖或加盐或加鸡蛋等摊成煎饼，做了好几回，都好吃，但总是做不出儿时的味道。常去护理头发的店里，有店员从家乡带来了荞麦粉。她用荞麦粉做成了发糕，送了两块给我吃，好吃，但也不是记

生物竞赛培训室的荞麦花

忆中的味道。前两天，备课组的同事们聚餐。冯老师聊起小时候吃过的一种野生白木耳，说那鲜味这一辈子再也没有尝到过。这让我想起记忆中荞麦粑粑的味道，真要我说是什么味，我还真说不清。

为什么现在怎么做味道都不如从前的呢？我想，记忆中的味道，它不仅仅是食物本身的味道，里面还含有家乡的气息、对父母亲的思念、童年的回忆等。因此这种味道是不可复制的，也是愈久愈浓、无可替代的。

前年国庆期间，在大围山一家民宿里小住了几天。在村子里的菜园旁边，发现了成片生长的野花，它们与记忆中的荞麦花一样。特地向一位路过的当地长者请教，他告诉我，这不是荞麦，叫野花麦。当时觉得很奇怪，为什么不叫野荞麦而叫野花麦呢？因为语言有些不通，还以为是自己听错了。这两天查资料时发现，因为花开得特别漂亮，有些地方把荞麦称作花麦，那野荞麦叫野花麦就顺理成章了。

荞麦与野花麦虽说有个"麦"字，但它们与麦子真的不是一回事。荞麦与野

花麦是双子叶植物，为蓼科荞麦属植物；小麦则是单子叶植物，为禾本科小麦属植物。荞麦之所以有"麦"字，应该是因为它们的种子与小麦一样，都是营养丰富的粮食。

荞麦有一个别名——三角麦，它的叶子呈叶三角形或卵状三角形，果实具三锐棱，从顶端往下看似乎也呈三角形。

大围山的野花麦

古诗中写荞麦的不少，但绝大多数是咏荞麦花而不是咏荞麦果实。摘录几首与大家共赏。

村夜
唐·白居易

霜草苍苍虫切切，村南村北行人绝。
独出门前望野田，月明荞麦花如雪。

村行
宋·王禹偁

马穿山径菊初黄，信马悠悠野兴长。
万壑有声含晚籁，数峰无语立斜阳。
棠梨叶落胭脂色，荞麦花开白雪香。
何事吟余忽惆怅？村桥原树似吾乡。

初冬从父老饮村酒有作
宋·陆游

父老招呼共一觞，岁犹中熟有余粮。
荞花漫漫浑如雪，豆荚离离未著霜。
山路猎归收兔网，水滨农隙架鱼梁。
醉看四海何曾窄，且复相扶醉夕阳。

诗人总是富于浪漫气息的，洁白的花瓣、红色的花蕊，成片成片的荞麦花海让诗人们联想到了皑皑白雪，因而有了"月明荞麦花如雪""荞麦花开白雪香""荞花漫漫浑如雪"等吟唱。

而荞麦在农民的眼里是粮食，在中医的眼里是药材。

荞麦花的花语之一：一分耕耘一分收获。

● 攀登路上勇攀登的孩子们

　　师大附中生物竞赛组的教练和孩子们就像荞麦一样，默默地播下希望的种子，辛勤地浇灌，现在已经有了收获。昨天全国复赛结果揭晓，九名孩子全部入选湖南省代表队。真是可喜可贺！

　　望着那盆盛开的荞麦花，我仿佛又闻到了儿时荞麦粑粑的香气，那是家的味道，是童年的记忆。每一朵荞麦花，都像是时间的信使，将我带回那些温暖而遥远的日子。而今，虽然生活节奏加快，但那份对家的思念，对美好时光的怀念，却如同荞麦花的香气，愈久愈浓，永不飘散。

　　而师大附中的孩子们，正如那一朵朵盛开的荞麦花，用他们的汗水和智慧，书写着属于自己的精彩篇章。他们的收获，是对"一分耕耘一分收获"最好的诠释。愿他们在未来的日子里，继续怀揣梦想，勇往直前，绽放出更加耀眼的光芒。

2021-08-02

樟树｜樛枝平地虬龙走

师大附中若要评选校树，非樟树莫属。

樟树，又称香樟树，樟科樟属植物。李时珍在《本草纲目》中解释了樟的名字的由来："其木理多文章，故谓之樟。"

"春来片片流红叶，谁与题诗放下滩？"早春，新叶开始萌动时，一阵春雨后，庇护了幼芽一年的樟树老叶，这时才纷纷落下。清早起来，趁校园环卫工人还没有来得及清扫，走在校园的宜升路上，踩得落叶沙沙响，这是附中校园春天的序曲。

樟花

樟果

"白水汪汪满稻畦，樟花零落遍前溪。"樟树初夏开花，细碎的小黄花，俏皮而娇柔，如繁星点点，让葱绿的香樟树披上了一层绒黄色的轻纱。走在校园的樟华路上，它们会顽皮地落到你的发梢上，让你的心绪变得柔情蜜意起来。微风轻拂，点点黄花随风飘落，这是校园里初夏的华章。

"野果谁来拾，山禽独卧听。"樟树七八月份时便结了果，刚开始时是绿色的，成熟后变成黑色。每年秋冬，附中校园的天空中会出现飞过的鸟群，提醒我们，这亭亭华盖似的香樟树群，不仅仅是我们的福地，也是鸟儿们的天堂。

樟树果实像雨似的落下来，砸在行人身上，砸在地面上，行人踩上去，发出嘎吱嘎吱的声音，这是校园秋冬的韵律。

莘莘学子的攀登之路上，樟树护佑了一代又一代的附中人。

樟华路上的四棵大樟树，俨然已成为附中人的精神家园。入校、成长、毕业、别离、返校、团聚，甚至是恋爱与婚姻，大樟树一一见证。健身、谈心、闲聊、休息、发呆，大樟树的浓荫下留下了许多美好的回忆。

四棵樟树

樟荫庇护下的孩子们

校友们如是说：

在附中的六年里，不知道有多少次对着这四棵香樟树发呆。一年四季，它们总是一袭绿衣，夏天火辣的太阳不能晒枯它们，秋冬凛冽的寒风不能吹落它们，而到了淫雨霏霏的春天，更是它们最美的时候。它们总是在春天开始生命的涅槃。老去的叶子带着深沉的绿、带着舍生的情怀、带着丝丝牵挂一片片往下落，而新的叶芽却迫不及待地带着红红的肉身从树枝上喷发而出，与树上的前辈红绿纷呈，共显荣华；还有一些正在走向成熟，由深红渐渐转为浅红、浅绿的树叶，共同把生命的过程演绎诠释得精彩、美妙而撼人心魂。从那时起，就已经爱上香樟。而那四棵香樟树，带给我们的，是无休止的活力、不减的呵护和不改的美。

——万毅《那四棵香樟树》（有改动）

那四棵伫立在旁的香樟树，倾听了许多故事，埋藏了许多秘密，储藏了许多回忆，青翠中褪去了心中的稚嫩，茁壮中长出了强健的体魄。时隔多年，我们中的许多人早已远走他乡，天南海北，但脑海中总会浮现出绿荫树下，嬉笑怒骂，那幅有你有我的图画。

——刘春元《那些年，一起追风的少年》（有改动）

樟树已经成为校园文化的一部分，深深融入了附中人的骨髓里。

樟树的老叶不畏冬天的寒风坚守在枝头，为樟树过冬提供更多的营养，而当春天来临，新叶长成时，老叶却几乎在一夜之间悄然离去，似乎是为后辈留下更多的生存空间。这不正是附中校训之"公"与"仁"吗？樟树以它的质朴的生命方式暗示师生要"公心至上，仁爱满怀"。樟华路上的几棵百年大樟树抱团成林，校园内各大林荫道旁的樟树成荫，执中楼与惟一楼间的樟树林四季常青、生机勃勃。这些樟树充分体现了附中校训之"勤"与"勇"，即"勤奋为本，勇敢作为"。

令人痛心的是，樟华路上的四棵百年大樟树，在道路中间的那一棵，渐渐濒危。学校请了湖南师范大学生命科学学院、园林保护方面的专家来会诊和抢救，救治了近一年。在一根树枝上，有几片没有完全萎蔫的树叶坚守了几个月，似乎是给几乎绝望的附中人一丁点儿希望。可以想见，看着这棵百年大树浓密的树冠一天比一天稀疏，望着它的树叶一片一片凋落，附中师生是一种怎样的心情。

最终，这棵百年香樟树还是走到了生命的尽头。2020年10月2日，一个全校放假的日子，这棵陪伴了一代又一代附中人的百年香樟树，悄悄地走了。生物组的易老师，见证了它的落幕。易老师是个有心人，与伐木工人进行交涉后，留下了一节树干做标本。2021年2月1日，樟树茎的两份标本终于做好并被接回了家，一份存在校史馆，一份放在生物实验室。

濒危的百年香樟树

易老师和樟树茎标本

这两天风较大，路过樟树下时，不妨从地上捡起一片落叶，先看看它叶脉腋部的两个腺点，再轻轻搓揉几下，香味便散发出来。闻一下，你是否喜欢它的味道？大家熟悉的樟脑丸、樟木条，就是来自香樟树。

《南史·王俭传》记载："（俭）幼笃学，手不释卷，宾客或相称美。……丹阳尹袁粲闻其名，及见之，曰：'宰相之门也，栝、柏、豫章虽小，已有栋梁气矣，终当任人家国事。'"栝为圆柏，柏为侧柏，豫章便是樟树。樟树和柏树一样，都是栋梁之材，比喻能人贤才。所以樟树也被视为科举及第的象征。

从科学的角度说，樟树的香，使人宁神、静心。

浓郁的樟香，静谧的校园，真是个读书的好地方。

樟树，不仅是校园的守护者，更是附中人精神的象征。它用四季的绿意与芬芳，陪伴着每一位学子走过青春岁月，见证着他们的成长与蜕变。愿莘莘学子都能够像樟树一样，扎根于这片土地，汲取知识的养分，成长为栋梁之材。

2021-09-25

酢浆草｜野花吐芳不择地

6月的野外，随处可见一些灿烂开着的小野花。先选两首写野花的古诗一起来欣赏。

野花

宋·赵蕃

野花吐芳不择地，幽草吹馥宁只春。

兹日纵为无事日，此身不是自由身。

小酌

宋·陆游

偶向东园把一杯，不辞困坐扫苍苔。

野花经雨自开落，山鸟穿林时去来。

皂白正非天欲辨，青黄要与木为灾。

今年秋后犹能健，剩乞梅栽与李栽。

诗人们看到野花"吐芳不择地""经雨自开落"的景象，赋诗寄托对自然生命力的赞美和对自由生活的向往，同时也隐含了对人生哲理的深刻思考。我也看到各种野花，例如酢浆草，我想了、做了哪些事呢？请看下文。

6月的校园里，开得最为热烈的小野花是红花酢浆草。琢园、镕园、每一栋教学楼的花坛边、路边的草丛中，随处可见它们的身影。一看它们分散分布，就知道不是园林工人特意栽种的，而是自然繁殖下来的。

红花酢浆草（镕园）

找遍校园里的红花酢浆草，没有找到一株结了果的。是花还没有成熟所以没有结果吗？原来红花酢浆草原产巴西，在当地是可以结果的，但在其他地区却不能或是很少结果。

红花酢浆草没有果实怎么繁殖后代呢？原来它可以靠它的鳞茎进行无性繁殖。转而一想，鳞茎是长在地下的，为什么它们会到处传播呢？我的疑惑更重了。

在红花酢浆草众多的鳞茎下面，长有一个萝卜样的变态根，人称"水晶萝卜"，据说很甜。拍完照片后把它养在花瓶里，忍不住还是摘下一个水晶萝卜试吃，果然是甜的，有点像凉薯的味道。哦，对了，有次朋友聚餐，上了一盘凉菜，好像就是这种水晶萝卜，不过似乎是腌制成了酸甜味。在口里还回甘的时候，我突然脑洞大开：这水晶萝卜大概就是红花酢浆草繁衍后代的秘密武器吧。甜甜的水晶萝卜不仅人爱吃，动物更是喜欢。蚯蚓、蝼蛄、蜗牛甚至小老鼠们在土壤中挖吃水晶萝卜的同时，也会把它们的鳞茎传播开去。这是植物与动物之间合作共赢的实例之一，希望我没有猜错。

酢浆草的地下繁殖体

校园里还有一种黄花酢浆草。

黄花酢浆草

我特别偏爱黄花酢浆草，它们的叶形太可爱了。掌状三出复叶，每片小叶都呈爱心模样。小小的花，有五片黄色的花瓣，开花之后会结出小小的蒴果。

像红花酢浆草一样，黄花酢浆草的繁殖能力也是惊人的，不过它的繁殖主要靠种子。黄花酢浆草的蒴果像一个个向上直立的火箭筒，熟了以后里面的种子会弹射出来。

黄花酢浆草的果实有由五心皮发育而成的五室，每一室里面大约有五粒种子，每粒种子的外围都有一圈透明的假种皮把种子完全包裹起来。假种皮具有双层结构，外层较薄，吸水能力弱，内层较厚且细胞内能储存大量水分。这样的结构使得果实成熟后遇到轻微的刺激便会发生假种皮翻转，从而弹出里面的种子。尤其神奇的是，酢浆草的种子在果荚内是首尾相连的。这种巧妙的连环结构让种子能够井然有序地一粒接着一粒弹射出来。

● 黄花酢浆草的蒴果

● 果皮内首尾相连的种子

红花酢浆草的花与叶对光敏感，夜间与阴雨天闭合，所以又名夜合梅。

黄花酢浆草也有夜间闭合现象。

我家阳台上养蟹爪兰的花盆里寄居了两株黄花酢浆草，前几天为了验证它们对光线变化的感应，下午四点钟气温很高、光线充足时，我将厚厚的遮光窗帘拉上，让黄花酢浆草处于黑暗中，半小时后拉开窗帘，发现它们的小叶像小伞一样收起来了。昨天晚上想观察一下黄花酢浆草的叶枕，用手掰开收拢的小叶，发现它们紧密团结在一起，难以分开。

酢浆草的叶子能够闭合是因为其具有叶枕。

什么是叶枕？植物在叶柄下端或上端产生的关节样肥厚部分，称为叶枕。

酢浆草等植物由于叶枕细胞吸水，膨压变化，出现向光运动或睡眠运动。含羞草之所以闭合，也是因为叶片受到刺激时，叶枕细胞的渗透压升高，细胞失去水分，从而叶片合拢。这是植物长期适应环境变化的结果。

● 收拢的小伞

叶枕
● 叶枕

小结一下，昨天我为了酢浆草做了三件事：

早上上班前蹲在小区北门马路边拍摄黄花酢浆草种子弹射的视频，惹得来来往往的人们好奇地观望。

下午回家后在小区内的花坛边缘寻找红花酢浆草并偷偷连根挖出一丛，悄悄地装入一个黑色塑料袋中。尽管知道自己铲的是花坛里的杂草，还是怕人误认为我是偷花贼。

晚上将挖回来的红花酢浆草洗净拍照，养在玻璃瓶中，最后忍不住嘴馋，摘下一个水晶萝卜吃了，然后静静地坐在阳台上把观察酢浆草的日记写了下来。

我虽说没有写出一行诗，但弄清楚了几个小问题，觉得心满意足。

2023-06-04

三叶草｜幻化出一片大草原

给孩子们讲进化论时曾搜到下列资料：

2022 年 3 月 18 日，*Science* 杂志以封面文章发表了题为"Global urban environmental change drives adaptation in white clover"的研究文章。287 位科学家通过一项前所未有的全球大规模研究项目——全球城市演化项目（GLUE），为我们

白花车轴草

讲述了一个在人类影响下的物种平行演化故事。

故事的主角就是白车轴草。科学家对 160 个城市的超过 11 万株白车轴草的进化进行研究，发现的证据表明，在世界各地，人类正推动城市植物群适应性演化。

白车轴草是什么草？

白车轴草任性的叶

上周二稍得空闲，到江边走了走。很幸运，找到了几株长有四叶的三叶草。这种开白花、叶片上有白色斑纹的三叶草，学名是白车轴草，豆科车轴草

属多年生草本植物。那天还发现白车轴草绝大多数是三小叶复叶，也见有四小叶复叶。绝大多数叶片上有白色斑纹，极少数叶片上没有斑纹。虽说名字是白车轴草，可细看刚开的花却是白里透红的。我差点以为自己拍摄的是红车轴草，翻箱倒柜找出自己三年前拍摄到的红车轴草一看，两者差别还是很大的。白车轴草的小叶为倒卵形至近圆形；红车轴草则要狭长得多，一般为卵状椭圆形，且小叶上的 V 形白斑经常消失不见。

有点名不符实的花

红车轴草

白车轴草之所以受到科学家的青睐，是因为白车轴草这种多年生草本植物演化速度极快，因此可以及时反映人类活动的影响。白车轴草分布非常广，它们在除南极洲以外的所有大洲广泛分布，几乎每一座城市中，都能找到这种植物。部分白车轴草体内会产生氰化氢这种剧毒物质，这是白车轴草进化出来的一种适应性机制，避免食草动物的进食，帮助植株抵御环境压力，增强在干旱或霜降环境下的生存能力。

有研究团队分析比较了不同城市与乡村中白车轴草生成氰化氢的频率，对超过 2000 株样本的全基因组测序表明，自然选择是导致这一性状演化的主要驱动力。也就是说，多数情况下，城市化导致的环境变化使得产生氰化氢的白车轴草比例下降了。

白车轴草虽小，但通过这种常见植株揭示的问题足够重要。根据这项研究的发现，科学家可以开发保护稀有物种的策略，帮助它们适应城市环境；当我们希望让一些害虫和病原体远离城市时，这项研究也可能为我们找到应对策略。

——《人类如何驱动全球生命的演化？〈科学〉：287 位科学家发现迄今为止最清晰证据》(有删改)

小小三叶草，为人类科研作出了巨大的贡献，值得人们去爱。

那天在福元路大桥下的草地上拍车轴草时，一心想要找到另一种三叶草——苜蓿。找了近一个小时没有找到，只得走了。在回家的路上接到女儿打来的电话，便把车停到月亮岛附近的江边。坐在草地的石头上与女儿聊天时，发现石头上趴着一株开着黄色小花的草。定睛一看，这不是苜蓿吗？女儿给我带来了幸运啊！

为什么要找苜蓿呢，因为它的叶子也是掌状三出复叶。

豆科车轴草属和苜蓿属、酢浆草科酢浆草属中的某些种类，由于它们拥有三出复叶，常被称为三叶草，其中，车轴草被认为是最正宗的三叶草。

三叶草代表着幸运，如果找到具有四片叶子的三叶草，那就更幸运了。

四片叶子的三叶草

其实，白车轴草偶尔出现四片甚至更多的小叶，这是因为叶片发育过程中遇到低温、病毒感染等特殊情况，叶原基增生而多长出一些小叶。

物以稀为贵，人们把找到四片叶子的三叶草当成一件乐事与幸事。例如我，每每碰到三叶草，便一定要在其中找寻一番，不找到四叶不罢休。大多数情况下能如愿以偿。

很多饰品也以四叶草形来吸引人们，因为四片叶子分别代表了人们梦寐以求的四样东西：真爱（love）、健康（health）、名誉（glory）、财富（riches）。

很喜欢美国诗人艾米莉·狄金森的一首小诗《To make a prairie》：

To make a prairie

It takes a clover and one bee

One clover and a bee

And revery

The revery alone will do

If bees are few

这首小诗有多个译本，最喜欢诗人青铮的译文：

三叶草和蜜蜂

还有一点单纯的梦

就能幻化出

一整片大草原

有时三叶草会冬眠

有时蜜蜂会飞远

只要还有梦

草原在心中

诗人在三叶草中幻化出一片大草原，科学家通过白车轴草破译城市基因，我和孩子们热烈讨论着进化论。

此时，在湘江的河岸边，三叶草默默地用叶绿体写着光合作用的童话。

2023-06-05

莲 ｜ 濯清涟而不妖

予独爱莲之出淤泥而不染，濯清涟而不妖，中通外直，不蔓不枝，香远益清，亭亭净植，可远观而不可亵玩焉。

——节选自宋·周敦颐《爱莲说》

莲是莲科莲属水生草本植物，清代徐灏说莲之所以叫莲，是因为莲蓬形状像蜂巢一样相连。莲花即荷花，莲蓬即莲的聚合坚果，莲子即莲的种子，莲藕即莲的地下茎，藕梢是莲的幼嫩根状茎。

生物老师读文学作品时，难免会患些"职业病"。例如，在读《爱莲说》时，我就自问自答了以下几个问题。

"出淤泥而不染"的莲花

1　莲为什么"出淤泥而不染"？

荷花和荷叶，的确是从淤泥中长出来的。但它们从淤泥中挺出水面后，却一尘不染。是因为它们的表面十分光滑，污垢难以停留？不是。科学家用扫描电子显微镜观察，发现荷花的花瓣表面像毛玻璃，尽是 20 微米大小的"疙瘩"。那天去拍摄荷，我特地用手摸了摸荷叶，发现荷叶表面并不光滑，摸起来有如丝绒般的手感。

从电子显微镜下看荷叶表面的结构，发现荷叶看似粗糙的表面上，有着精细的微米尺度加纳米尺度的双重结构：荷叶的表面上生长着许多高度为 5~9 微米、间距约为 12 微米的乳突，每个乳突表面上又生长着许多直径为 200 纳米的蜡状突起，这相当于在微米结构上生长着纳米结构。在荷叶的表面上，蜡状突起间的凹陷部分充满空气，这样就紧贴叶面形成一层极薄、只有纳米级厚的空气层。这使得在尺寸上远大于这种结构的灰尘、雨水等降落在叶面上后，隔着一层极薄的空气，不能钻到蜡状突起的间隙内部，只能在蜡状突起的顶端流动。雨点在自身的表面张力作用下形成球状，在滚动中吸附灰尘，并滚出叶面，这就是莲叶效应能自洁叶面的奥妙所在。

莲叶效应既疏水也疏油，在仿生学方面有着广阔的应用前景。利用这一原理可以制作人工防污表面，如衣料的外表面、屋面、房顶等。

2　莲为什么"中通外直"？

周敦颐用莲的"中通外直"来比喻人心胸开阔，行为端正。而荷之所以中通外直，是长期适应水中缺氧生活的结果。

荷花具有很发达的通气组织，它的叶柄、花柄及茎（藕）中都有很多孔眼，这就是通气道。孔眼与孔眼相连，彼此贯穿形成一个输送气体的通道网。这样，即使长在氧气缺乏的淤泥中，仍可以生存下来。通气组织还可以增加浮力，维持身体平衡，这对水生植物也非常有利。

轻轻折断荷的叶柄或藕，你会发现"藕断丝连"的现象。荷的叶柄和茎上有一些与人体血管功能相似的组织，称为导管，它们具有运输营养物质的作用。这些导管内壁较厚，在折断藕时，导管内壁较厚的螺旋部脱离成为螺旋状的细丝，直径仅为3~5微米。这些细丝很像被拉长后的弹簧，在弹性限度内不会被拉断，一般可拉长为10厘米左

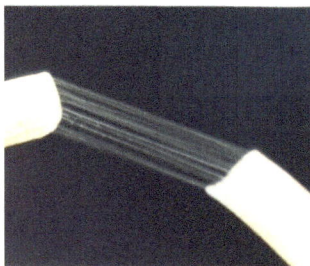
● 藕断丝连

右，因此，虽然藕被切断了，藕仍然保持着一定的连接，这也是我们常常说"藕断丝连"的原因。

3　莲真的"不蔓不枝"吗？

走近荷塘，肉眼能看到的不蔓不枝的部分，实际只是水面以上的叶柄或花柄，而荷的地下茎长在淤泥里，有节和节间，也是有分枝的。

分枝多的地下茎

倒圆锥形花托

4　莲"香远益清"有什么意义？

荷花是两性花，花芽从地下茎的叶腋萌发，花蕾着生于花柄顶端。花的结构有些与众不同，自外向内依次为花被(萼片与花瓣)、雄蕊(多数)、倒圆锥形花托及埋藏于其中的雌蕊群。雄蕊顶端着生一长椭圆形附属物，表面分泌众多球形颗粒(腺体)，由于色艳粉香，可以更好地吸引蜜蜂等昆虫前来帮助其传粉，从而繁衍后代。雌蕊受粉后，花托发育膨大为莲蓬，花托内的雌蕊将会发育成莲子。

周敦颐在荷塘边踱步时，绝对没有想到，他笔下"出淤泥而不染"的"君子"，如今启发了科学家研发防污布料；他赞叹的"中通外直"，实则是莲在水里存活的生存智慧。周敦颐若知今日之状，定会欣慰于文化的传承与科学的创新交相辉映，共同推动人类文明的进步。

2018-07-14

梧桐 | 梧桐生矣，于彼朝阳

　　凤凰鸣矣，于彼高冈。梧桐生矣，于彼朝阳。菶菶萋萋，雝雝喈喈。

　　君子之车，既庶且多。君子之马，既闲且驰。矢诗不多，维以遂歌。

——节选自《诗经·大雅·卷阿》

　　这是一首记叙周成王出游的诗。在刮着南风的季节里，平易近人的君王到丘陵上游玩，伴游的臣子纷纷作诗助兴。以高冈梧桐郁郁苍苍、朝阳鸣凤宛转悠扬来渲染出一种君臣相得的和谐气氛。

　　诗中名句"凤凰鸣矣，于彼高冈。梧桐生矣，于彼朝阳"，加上庄子在《秋水》中有"夫鹓鶵(yuān chú，古书上指凤凰)发于南海，而飞于北海，非梧桐不止"，从此梧桐与凤凰联系在一起的形象被历代文人歌颂和传扬。

卜算子·黄州定慧院寓居作

宋·苏轼

　　缺月挂疏桐，漏断人初静。谁见幽人独往来，缥缈孤鸿影。

　　惊起却回头，有恨无人省。拣尽寒枝不肯栖，寂寞沙洲冷。

　　梧桐的高大挺拔和坚韧品质，也使其成为高洁与正直的象征。

相见欢

五代·李煜

　　无言独上西楼，月如钩。寂寞梧桐深院锁清秋。

　　剪不断，理还乱，是离愁，别是一般滋味在心头。

　　梧桐一到秋天就落叶，给人以肃杀之感。词中的"寂寞梧桐深院锁清秋"，通过将梧桐与深院相结合，表达了秋的落寞和无尽的哀愁。

声声慢

宋·李清照

寻寻觅觅，冷冷清清，凄凄惨惨戚戚。乍暖还寒时候，最难将息。
三杯两盏淡酒，怎敌他、晚来风急！雁过也，正伤心，却是旧时相识。

满地黄花堆积，憔悴损，如今有谁堪摘？守着窗儿，独自怎生得
黑？梧桐更兼细雨，到黄昏、点点滴滴。这次第，怎一个愁字了得！

梧桐与秋风秋雨一起，营造出凄清寂寞的氛围，表达人们的离情别绪。李
清照借梧桐与细雨的交织，表达了词人的孤独无助和对丈夫的深切思念。

诗里的梧桐亦称青桐，也叫中国梧桐，是梧桐科梧桐属落叶乔木。它高大
魁梧，树干无节，向上直伸，树皮平滑翠绿。花淡黄绿色，无花瓣，顶生圆锥
花序。

梧桐笔直的树干

梧桐的小黄花

小时候读到"凤凰非梧桐不栖"的内容，总以为法
国梧桐就是神鸟落脚处。直到去年领了拍摄梧桐的任
务，我才发现自己当了一辈子"梧桐文盲"，原来书中
歌颂的并不是路边的行道树——法国梧桐。

3月份随朋友到宁乡去寻找梧桐，同行的闺蜜指
着一树紫花让我拍。我凑近一看，是泡桐。下山时又
有人错把油桐当宝贝，我提醒："这是榨桐油的，凤凰
可不稀罕。"

也就在那天，寻梧桐不着而失望时，从学校后门

法国梧桐

向外走，出门时抬头一望，发现路边高高耸立着四棵大树，这不是梧桐树吗?！它们树干笔直，亭亭静立在湖南师范大学图书馆的后面、附中西门口的山路上。拍摄后心满意足地回来，走到学校家属区打靶村11栋时无意中一回头，发现院子的围墙外，湖南师范大学附属小学的楼旁，一株梧桐静静立在那里。这真是应了那几句词：众里寻他千百度。蓦然回首，那人却在灯火阑珊处。

特别提醒一下，梧桐、法国梧桐、泡桐与油桐，不要认错哦。

三球悬铃木（摄影：Imad Clicks）

法国梧桐是悬铃木科悬铃木属植物，而中国梧桐则是梧桐科梧桐属植物，两者关系远着呢。法国梧桐适应性强，树形高大，夏天树荫浓密，秋天叶色多变，冬天落叶后树干遒劲，古朴多姿，是颇受人们喜欢的行道树，在长沙的许多老城区可以见到以栽种法国梧桐为主的林荫道。

叶基部红色腺点

油桐花

油桐果

油桐是大戟科油桐属落叶乔木。叶基部有两个扁平的无柄腺体，花先于叶或与叶同时开放，花瓣白色，有淡红色脉纹。油桐的核果近球状，成熟后会自然脱落在地上。等桐树果的外壳腐烂后取出桐子，再把桐子晒干、碾碎，就可以压榨出桐油。小时候用的木桶、木椅之类的，木器制成后，一定要涂上桐油，否则容易开裂漏水。

　　泡桐是玄参科泡桐属落叶乔木，树冠宽阔，树皮灰褐色，平滑。单叶对生，心状卵圆形或心状长卵形，全缘或微呈波状。春季先开花后生叶，花大优美，花色绚丽，花冠漏斗状钟形，白色或淡紫色，内有紫色斑点，有香气。蒴果卵形或椭圆形，成熟后背缝开裂。

泡桐

　　这几日，时常在各种桐树下转悠，忽然明白，所谓"凤凰非梧桐不栖"，实际上是先民对生态位最浪漫的注解。那些被误作梧桐的法国梧桐、泡桐与油桐，何尝不是文明传播中的变奏音符？就像李清照词中梧桐承载的愁绪，早已超越植物学的范畴，成为中国人集体记忆的存储介质。

2019-06-29

车前草 | 采采苤苜，薄言采之

当你在田野、湖畔的小路上散步时，你会经常不经意间踩到一种小小的植物——车前草。你可曾想要为之赋诗一首？

几千年前的古诗人，却信手拈来一首。

苤苜

采采苤苜，薄言采之。采采苤苜，薄言有之。

采采苤苜，薄言掇之。采采苤苜，薄言捋之。

采采苤苜，薄言袺之。采采苤苜，薄言襭之。

诗的大意如下：

采呀采呀采车前，采呀采呀采起来。采呀采呀采车前，采呀采呀采得来。采呀采呀采车前，一片一片摘下来。采呀采呀采车前，一把一把捋下来。采呀采呀采车前，提起衣襟兜起来。采呀采呀采车前，掖起衣襟兜回来。

诗中的"苤苜"，即车前草。吟诵这首诗的时候，眼前仿佛出现这样一幅画面：大地回春，田野里的小花小草们冒了出来，嫩绿嫩绿的，少男少女们也纷纷从家里走了出来，在田野里一边采着野菜一边玩耍，兴尽后用衣襟兜着野菜而归。

我不禁想起自己小时候采野菜的情景来。每年春天，荠菜、黄花菜、卷耳等野菜冒出来的时候，村里的小伙伴们便约着一起出去采野菜。不过那不是给人吃的，而是用来喂猪的，所以叫"打猪菜"。打满一筐猪菜是必须的，不然回家会挨骂。而打猪菜的过

石缝中的车前草

程中小伙伴们可以一起欢天喜地地打打闹闹、玩玩游戏，那才是我们主动出门打猪菜的真正乐趣所在。

不过，我们打猪菜时从来不采车前草，老一辈传下来的猪菜菜单中没有这一项。倒是听说车前草可以清热利尿，小时候看到有人采来煎水喝。前几年有一次我因为高跟鞋与平跟鞋之间转换不当，足弓处疼痛，到附近的武警医院就诊，给我看病的老医生建议我用车前草

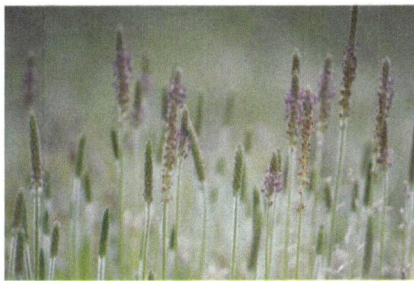

北美车前草

煮水来泡脚。闺蜜帮我采了一大把车前草，我煮水泡脚几天后，脚果然不痛了。

车前草属于车前科车前属植物，种类不少，我拍摄到的车前草有的全身被毛，这种可能是北美车前草，而常见的车前草叶片表面是光滑无毛的。

我很是好奇车前草名称的由来，查到了几个版本。一是野史：相传汉代名将马武，一次带领军队去征服武陵的羌人，由于地形生疏打了败仗，被围困在一个荒无人烟的地方。当时正是盛夏天气，且天旱无雨，军士和战马都因缺水而小便如血。一名马夫偶然发现有三匹尿血的马不治而愈，感到奇怪，寻根追源，只见地面上一片像牛耳形的野草被马吃光了。为证实其效果，他又亲自试服，也见效了，于是报告马武。马将军大喜，问这草生在何处。张勇说："就在大车前面。"马武笑曰："此天助我也，好个车前草。"车前草的名字就这样流传下来。二是《本草纲目》中记载："陆机《诗疏》云：此草好生道边及牛马迹中，故有车前、当道、马舄、牛遗之名。"

在我的家乡，你说车前草，没有人知道，但你把车前草给乡亲们看，他们会说是蛤蟆草。家乡人把青蛙叫蛤蟆，大概是因为我的家乡没有马车，而车前草的叶形和叶色看起来像青蛙的背一样，所以车前草被形象地称为蛤蟆草。

车前草，乡间野径上的平凡小草，却藏着不凡。从古至今，它既是诗中的绿意所在，也是药典中的良药。从汉代名将传奇到《本草纲目》的记载，再到源自家乡人亲切称呼的"蛤蟆草"，每一个名字背后，都是人与自然的温馨故事。它默默治愈，静静讲述，连接着古今，也温暖着人心。

2019-07-05

罗汉松 | 身是菩提树

身是菩提树，已非凡草木。

——节选自曾燠《罗汉松》

与同事们到桃子湖散步，我第一次发现罗汉松结了种子。同行的桃子说，罗汉松的种子泡水喝，可以润肠通便、补元气。那天天色已晚，加上怕拖累了同行人，我没有停下来拍照。

为了研究罗汉松的种子，我悄悄地摘了一粒放在裤袋里，回家后发现种子被磨掉了外面的白粉。拍下照片再看，发现有点意思，像个光头小孩子。

再看看右图，是我昨天在校园里请一个学生帮忙拉开叶片才拍清楚的种子，是不是像披着红色袈裟的小罗汉？"小罗汉"

罗汉松的种子

的光头是罗汉松的种子，下面红色的部分是种托。种托新生时为绿色，成熟后变成红色，据说最后会变成紫色。看到这里，大家知道罗汉松为什么叫罗汉松了吧。

罗汉松与松树都属于裸子植物。裸子植物的主要特征是胚珠裸露，无子房壁包被，无真正的花，胚珠受精后发育成种子，由于种子无果皮包被而裸露在外，因此叫裸子植物。顺便提醒一下：裸子植物是无果实的，以后看见罗汉松的种子不要叫罗汉松的果实了，更不要叫罗汉果，罗汉果是一种葫芦科植物结的果子。

罗汉松不是松树，松树属于松科，而罗汉松属于罗汉松科罗汉松属植物。罗汉松雌雄异株，雄球花完成传粉受精的任务后便枯萎掉落，而雌球花则发育成种子。

师大附中的校园也种有许多罗汉松。我以前没有见到罗汉松的种子，主观原因是平时没有关注过它们，昨天才发现存在一个客观原因：校园里原有的罗

汉松大多数为雄株，根本不结种子；而且雌株的种子深藏在叶片之间，不走近仔细观察很难发现。

这两天我特地到学校里的各大园子转了一圈，并辨识每一棵罗汉松是雌株还是雄株，结果如下：执中楼东南侧的罗汉松是雄株，上面还残存着一些干枯的雄球花；图书馆前的两棵罗汉松没有果实，应该是雄株，不过没有发现干枯的雄球花；只有科学楼后面学生公寓东侧的那棵罗汉松，上面可见稀稀疏疏的几粒种子，肯定是雌株了。倒是新建的漉园里，新种了两棵罗汉松雌株。这两棵罗汉松虽然有些瘦小，但上面却长了不少种

罗汉松的种子

子，现在种子的种托已经变红，非常好看。罗汉松的种子好看，种托可食，但请不要随意采摘，种托的功能应该有二：一是支撑种子，二是吸引鸟类来啄食，从而替它传播种子。

罗汉松因名字与佛有缘，种子形态奇特，枝干苍劲古朴，枝叶四季常青，在庭院、寺庙中很常见。罗汉松在佛教中象征着富贵、吉祥、长寿与传承，这与佛教中罗汉"普度世人"的含义相契合。明代文学家屠隆曾经赋诗一首赞美罗汉松。

罗汉松

何年苍叟住禅林，百尺婆娑万壑阴。
四果总来成佛印，一官原不受秦侵。
灵根岁月跹跌久，老干风霜面壁深。
谡谡回飙响空谷，犹闻清夜海潮音。

"六朝松"（引自《长沙晚报》）

岳麓山上的麓山寺就有几棵古老的罗汉松，其中一棵罗汉松有1500多年的树龄，因六朝时代就有了，又称"六朝松"。1939—1942年长沙会战期间，日本侵略者轰炸长沙，千年古刹麓山寺被炸毁，而寺前的罗汉松却安然无恙。

罗汉松，身似菩提，寓意吉祥。从文人墨客的诗篇到校园庭院的绿意，再到岳麓山的六朝松，它不仅是自然的馈赠，更是历史与文化的见证。让我们在欣赏中学会尊重与保护，让这份绿意长存。

2020-07-16

紫薇 | 晓迎秋露一枝新

看到"紫薇"二字，怕是不少人会想到《还珠格格》里的紫薇和小燕子吧。也难怪，有那么几年，一到暑假，电视台就会重播《还珠格格》，似乎大街小巷都能听到歌声："啊啊啊啊啊啊啊啊啊啊啊啊啊，当山峰没有棱角的时候，当河水不再流，当时间停住日夜不分，当天地万物化为虚有，我还是不能和你分手，不能和你分手，你的温柔是我今生最大的守候……"

不过，今天我要说的不是人，而是植物中的紫薇。

● 姹紫嫣红的紫薇花

紫薇是千屈菜科植物，别名痒痒树、无皮树等，花期长，每年6—9月持续开放，故还有"百日红"的美称。

紫薇的花色种类较多，上图中就可见紫的、白的、粉的、红的，还真的配得上"姹紫嫣红"这一词。

紫薇的茎有些特别，幼枝呈方形，而成熟的树干则变得非常光滑，因为它的表皮在生长的过程中不断地长出又脱落。

紫薇之所以叫痒痒树，是因为只要轻轻摸一摸紫薇的树干，上端的枝条就会抖动起来，好像很怕痒似的。至于紫薇为什么会怕痒，个人认为以下解释比较合理：紫薇树的树冠较大，但是树干细而长，"头重脚轻"，重心不稳，因而就容易摇晃，所以稍一触动就会浑身颤抖。为了验证这一假说，前天下午我在桃子湖观察植物时，一见到形状类似的植物就忍不住用手轻抠一下它的树干，想弄明白其他植物是不是也"怕痒"，惹得路过的游人投来好奇的目光。正好我遇到一对母子，还让小朋友跟我一起做这些小实验。

我们的实验结论是：凡是枝干比较细长的灌木都"怕痒"，轻轻抠一抠它们的树干，上面的枝条就会晃动起来。

我的推论是：由于紫薇树干光滑，看见的人可能都会好奇地摸一摸它，加上它的花大多聚集在细长枝条的顶端，"头重脚轻"，所以显得特别"怕痒"，"痒痒树"之名便由此传开。

紫薇的花瓣边缘呈波浪纹状，下端形成细细的长柄与花托相连，每片花瓣都像漂亮的丝绢，非常吸引人，当然更吸引昆虫前来为它们传粉。

给食型雄蕊
传粉型雄蕊
紫薇雄蕊

紫薇花瓣

紫薇花有两种不同的雄蕊：位于花朵中央的雄蕊生于萼筒基部，其花药呈金黄色、花丝短细、数量较多，称为给食型雄蕊。这种雄蕊的花粉颗粒较小且不育，主要作用是"引诱和犒赏"传粉昆虫。外围六枚雄蕊着生于花萼上，花丝长而弯曲，花药呈褐色而不易发现，称为传粉型雄蕊。其花粉颗粒较大，专门用来繁殖。当传粉昆虫被金黄色的花粉引诱在花中央的短雄蕊上采集花粉时，外轮长雄蕊的花粉就会因振动而散落在传粉昆虫的背部。紫薇花的雌蕊只有一枚，与传粉型雄蕊的颜色、长度和弯曲度都很相似，其花柱并不在花的正中，而是向一侧弯曲，使柱头位于传粉型雄蕊之间。这种结构有利于传粉昆虫在访问花朵时，将花粉从雄蕊带到雌蕊上，从而实现异花传粉。

紫薇花的有效传粉昆虫主要是膜翅目(蜂类)昆虫，如熊蜂和中华蜜蜂。这些昆虫飞行速度快，访花时间长，且能直接降落于雄蕊群中，通过翅膀和身体的高频振动将花药上的花粉抖落，从而有效地帮助紫薇花进行传粉。

紫薇花色艳丽、花期长，在古诗中常见。

紫薇花

唐·杜牧

晓迎秋露一枝新，不占园中最上春。

桃李无言又何在，向风偏笑艳阳人。

一枝独秀、不与桃李争春的紫薇，更显其淡泊高雅。

紫薇花

唐·白居易

丝纶阁下文书静，钟鼓楼中刻漏长。

独坐黄昏谁是伴，紫薇花对紫薇郎。

花团锦簇、热烈开放的紫薇，更显当值枯坐、寂寞无伴的紫薇郎之空虚无聊。

6月底，当普瑞大道、金星路的紫薇花盛开时，附中校园里的紫薇花却还没有一点要开的意思。每每路过镕园和琢园，我总要停下来看看它们萌了花苞开了花没有，等紫薇花开等得我都有些怀疑它们是不是也受了疫情的影响。这两天，花儿们终于萌动了，镕园的紫薇终于开花，且越来越旺了。

紫薇花的花语之一是幸运。如果你的周围开满了紫薇花，那么那些花朵会化作紫薇仙子守护你，带给你一生一世的幸福。

写着写着就到了高考日，我恍然大悟：原来校园的紫薇花等到此时盛开，是为了带给孩子们好运。

考场外怒放的紫薇花，正用它们的花蕊编织着金色祝福：外围的长蕊是师长日复一日的托举，位于中央的短蕊是父母无微不至的呵护，而那弯曲的雌蕊，恰似你们执笔时微倾的脖颈。

孩子们，请记住这个被祝福的夏天，当你们走向更广阔的天地时，附中的紫薇花永远会在6月里准时盛放，用百日花期，等一个"桃李无言又何在，向风偏笑艳阳人"的凯旋。

2020-07-07

蛇莓与野草莓｜野果攒眉涩

杂兴

宋·陆游

客问维摩疾，人哀范叔寒。

诗囊负童背，药箧挂驴鞍。

野果攒眉涩，村醪掀齿酸。

老鸡殊可念，旦旦报平安。

今天来说说两种野果：蛇莓和野草莓。

先说蛇莓。云麓楼东侧的花坛边，长有一株蛇莓。它的果期挺长，5 月 20 日我看到它结了果，第二天发现果子没有了，估计是被小动物们吃掉了。6 月 2 日我看到它又开了黄色的花，而且又有一粒果子不见了踪影。没有办法，谁叫我们学校生态环境那么好呢！7 月 3 日我再次看到它结的果子，好想伸手摘一粒尝一下，但还是忍住了。一是不能跟校园里的小动物们争食，二是不敢吃。小时候我们把蛇莓叫蛇泡子，蛇泡子红红的果子很诱人，但我们小孩子是绝对不敢吃的，因为大人们说蛇爱吃蛇泡子，为了霸占它，蛇常常吐些白沫在上面。

● 蛇莓花

● 蛇莓果

其实蛇莓也是可以食用的，只是味道不如草莓。蛇莓与草莓一样，它的果实是聚合果。聚合果是指在一朵花内有多枚离生的雌蕊，每一枚雌蕊形成一个小单果，许多小单果聚生在同一花托上所形成的果实，如草莓、蛇莓、毛茛等的果实。

草莓的雌蕊受粉后花托膨大，而真正的果实就是依附在花托上的那一个个小麻点，这些小麻点是它的瘦果，里面含有一粒种子。我突然想摘一粒蛇莓看看它的果实与种子，尝尝蛇莓的味道，于是起身出门到小区去找，未果；又走到江边的绿化带旁，终于看到了几株正在结果的蛇莓。

怪不得有人说蛇莓果实不好吃，我切开它时发现它的瘦果很多很硬，肯定口感不佳。我终于还是没有尝试一下它的味道，不是怕像陆游一样"野果攒眉涩"，而是我对蛇有很大的心理阴影。

蛇莓鲜红的瘦果干枯后呈暗红色，用手捏一捏它们便散落开来了。拍完

蛇莓果切面

照片后我将它们撮起来送入花盆中，希望不久的将来会看到蛇莓嫩嫩的三出复叶从花盆里冒出来。

再说野草莓。在一个小长假里，几个人组团到了福建。从东山岛返回长沙的路上，冒着可能下大雨的风险，红坚持要拐个弯到冠豸山风景区走一趟。就这样，任性的、说走就走、没有规划行程、走到哪儿便住到哪儿的自驾游，在冠豸山画上了一个圆满的句号。

咱们暂时不说野草莓，先说这一个"豸"字，谁能准确地读出来？导航中读zhì，买门票的时候发现当地人的发音不一样。后来我们上网查找，发现导航读错了。"豸"是多音字，读 zhì 时释义为无脚的虫，如虫豸；读 zhài 时释义为冠豸山，山名，在福建。

行万里路，收获当然不只是认了一个字，还遇见了野草莓。

在山脚下的一家餐馆里吃饭，餐馆外花盆里的两朵小白花吸引了我。老板娘告诉我这是冠豸山里的野草莓，已经结了果。热心的老板娘说种野草莓等山里的植物，不是为了吃，而是为了观赏，有时顺便卖几盆给游人。

野草莓花

野草莓

现在我有些后悔当时没有搬一些野草莓回来。如果买来了野草莓，它与将要出盆的蛇莓就有得一比了。

蛇莓与野草莓，一个承载着童年禁忌的集体记忆，一个凝结着山水相逢的偶然惊喜。今天路过云麓楼时，成熟的蛇莓果再次向我示意，我终于忍不住剥开了一粒，几十天的心理建设换来舌尖转瞬即逝的草木涩味，竟比陆游的诗句更教人攒眉。

2023-07-14

美洲商陆│看遍林阴商陆花

昨天有同事拍到了在攀登广场樟树上跳跃的松鼠并上传微信群，还有同事将之前拍到的在校史馆前散步的猫头鹰也上传了微信群，这些校园萌宠引得微信群内一片沸腾，朋友圈也被刷屏了。今天我在河东学习了一天，傍晚回到校园，趁着天色还未黑，三步并着两步走到攀登广场，也想偶遇一下这些小可爱。在樟树林里滞留了一会儿，我多次抬头望，没有见着这些萌宠，倒是有两个收获：一是手臂被蚊子叮了，二是发现粗大的樟树枝干上，居然长了一株开了花的植物。

它是什么植物呢？来，先猜谜语：

"三十除五兮，函悉母病；芒种降雪兮，军营难混。"——打四味中药。

樟树枝干上长的就是一种"三十除五兮"。

猜出来"三十除五兮"是什么植物了吗？没有猜出来，再分享一首诗给你参考。

山房睡起

明·苏大

砌草茸茸石径斜，竹篱茅舍带江沙。

昼长睡起多情思，看遍林阴商陆花。

恍然大悟了吧？

"三十除五"，即商陆。

树上的商陆

不过，这株植物不是土生土长的商陆，而是美洲商陆，一种外来入侵物种。

商陆和美洲商陆(垂序商陆)都属于商陆科商陆属植物，前者花序直立，后者花序下垂。

商陆的根是一种中药，具有逐水消肿、通利二便之功效，外用具有解毒散结之功效。常用于水肿胀满、二便不通；外治痈肿疮毒。

● 花序直立的商陆

● 花序下垂的美洲商陆

美洲商陆的花色、果形比较漂亮，20世纪初被作为观赏植物引入中国。但请注意，美洲商陆全株有毒，请不要误食。而且，外来入侵物种成功栽种后，往往由于缺乏抑制它的天敌而急剧增长，从而对当地物种多样性造成严重威胁。

我在想，樟树上的这株美洲商陆，是不是要把它清理掉呢？

就像镕园里的那株葛藤，萌芽初期没有在意，现在有泛滥成灾之势。

樟树上的美洲商陆终究被园林工人清理掉了，几只蝴蝶在镕园小池旁的葛藤上曼舞，小松鼠偶尔会在樟树林中一闪而过。这些动物的灵性与入侵植物的蔓延，恰似自然抛给人类的辩证思考：我们既要守护校园里每一寸意外的生机，又要在绿意蔓延时清醒地使用剪刀。

关于上文的谜底朋友在追问，我一并揭晓吧：

　　　　三十除五分（商陆），

　　　　函悉母病（当归）；

　　　　芒种降雪兮（麦冬），

　　　　军营难混（苦参）。

2020-07-26

枫杨｜枯木逢春犹再发

数村木落芦花碎，几树枫杨红叶坠。路途烟雨故人稀，黄菊丽，山骨细，水寒荷破人憔悴。

白蘋红蓼霜天雪，落霞孤鹜长空坠。依稀黯淡野云飞，玄鸟去，宾鸿至，嘹嘹呖呖声宵碎。

——摘自《西游记》第十三回

师大附中校园植物界2019—2020年的大事，莫过于两件：一是一棵大树的叶子已经掉光了，二是另一棵以为已经枯死的大树新生出许多的枝叶出来。树叶已经掉光的是樟华路上的百年香樟，重获新生的是广益楼西侧的枫杨。

在学校广益楼前园子的西侧，靠近小门，有棵枫杨树。2015年秋天，我在二楼西侧走廊上拍到过它的果实。翻出旧手机，我找了好久终于找到了原图。

花果繁茂（2015）

枯木逢春（2020）

　　一晃过了四年，2019年秋天重回广益楼上班，我突然发现，那棵老枫杨只剩下一截看似枯枝状的树干立在小铁门旁。我感到震惊与痛心，与同事聊起来，都说与樟华路上的樟树一样，应该是在校园道路整改时被沥青所伤。

　　那棵大樟树病了好几年，到今年6月，掉落了最后一片叶子。而这棵老枫杨，默默守了不知道多久后，居然枯木逢春再发新枝。谢天谢地，还要谢谢园丁剪去其枯枝，耐心等候它的复原。同时，我也对那棵樟树重新燃起了希望，也许明年，或是后年，它会重新焕发出新的生命。

　　枯木发了新枝，但要结果怕是还要等几年了。前天下午，我冒着37摄氏度以上的高温，特地跑到中南大学去拍了枫杨的果实。

　　枫杨是胡桃科枫杨属植物，与我们熟知的核桃树是近亲。枫杨是高大乔木，可高达30米，叶为羽状复叶。

　　值得称道的是枫杨的果实。枫杨的果实为翅果，翅果的子房壁上会长出由纤维组织构成的薄翅状附属物，这样的附属物使得风能够将果实带到离母树很远的地方，便于繁殖。枫杨原产于中国，后来被引种到国外。由于枫杨来自中国，又有翅膀状的果实，于是外国人叫它"Chinese wingnut"（中国翅果）。

枫杨的翅果

　　大家还记不记得我曾经写过的红枫？它的果实也是翅果。不过，两者还是有些差别的。

枫杨（一果两翅）

鸡爪槭（两果两翅）

　　我很是好奇，既不属于槭树科的枫也不属于杨柳科的杨，为什么它被称为枫杨呢？带"枫"字，可能是因为枫杨的果实与枫树的果实一样为翅果。那么

"杨"字呢？除了被叫作枫杨，它还被人叫作枫柳、麻柳等。可能是因为它的枝叶下垂的样子和属于杨柳科的柳树非常相像，而且枫杨与杨有着相似的柔荑花序。枫杨还有一些有意思的别称，例如元宝树、馄饨树，这些别称可能源于它的果形。

其实我心里还有一个小小的疑惑：枫杨在我国有着非常古老的历史，为什么古代诗词中难得一见？是不是枫杨在古代还有其他名字？或者是因为古人杨、柳不分，许多描写杨或柳的古诗词实际上是写枫杨的呢？

也许，这天生带着翅膀的树种，本就不该被文字禁锢，它的翅果是写给风的信笺，根系是刻在大地上的狂草。此刻，掠过树梢的灰喜鹊，或许正衔着吴承恩笔下的那片"枫杨红叶"。而枯木逢春的秘密，就藏在地底延伸的根系里，它们尽力向前、向前、再向前，努力向百米外的老樟树发出消息：在某个雨水丰沛的4月，我们要一起迎接生命的又一次盛放。

2020-08-06

野荔枝｜野花路畔开

三个女人一台戏，这是演的哪一出？

斌登高拍照，荣扛梯扶梯，红摄影记录。

不是拍花就是拍果。哈哈，知我者莫若你。

话说今年长沙真的热，使得一帮小姐妹们不停地进山避暑。这不，8月1日姐妹们又相约到了衡山，在山水人家农庄小住。

热心的老板娘见我相机不离手，在她家房前屋后、山林菜地不停地拍，知我是个爱

拍花拍果

花者，便指着她家屋前右侧山坡上的一棵树说："你拍拍那棵野荔枝树吧，春天花开时很好看，秋天结果的时候，好些来度假的人都爬上去摘果子吃。"

野荔枝树高高的，长在斜坡上。只看到树上有许多很像荔枝的青色小果直立着朝天长着，但不清晰。

野荔枝树（衡山）

野荔枝究竟是什么？它引起了我强烈的好奇心。经过多方检索，我发现它居然可能是大名鼎鼎的四照花！

晚上躺在床上时，我还在想着野荔枝树。突然想起来，我似乎曾经拍到过四照花，于是我立刻起来，从旅行箱里翻出电脑，找到我的宝库，真的有关于四照花的照片！瞬间佩服自己，这次出来游玩居然带了电脑。

查看照片的拍摄日期，是 2019 年 5 月 29 日，有点记不起是在哪里拍的了。我问同室的红，红翻了翻她 2019 年的朋友圈，原来是那天我俩一起在大围山拍的。回想起来，那也是一场近乎癫狂的出游。那天下午放学时，红说我们到大围山去看日出吧，于是两人一车开到了大围山。我们晚上拍了星轨，早上没有看到日出，在下山的路上，看到了一树四照花。

4 枚白色的"花瓣"包着一个绿色的小球，在绿色的森林里光芒四照，格外耀眼，这大概就是四照花名称的由来吧。第二天一大早起来，我迫不及待地把四照花的图片给山水人家的老板娘看，问她野荔枝树开花时是不是这个样子的，老板娘说是的。原来她们说的野荔枝树真的是四照花。

四照花（浏阳大围山）

我想要就近好好拍一下，于是便有了搭梯拍树的那一幕。

苞片
花序
四照花的白色苞片

三角梅的红色苞片

科普一下：四照花的花不是真正的一朵简单的大花，外面的 4 枚白色"大花瓣"实际上并不是真正的花瓣，而是应该称作"苞片"，真正的花朵非常小，数十朵簇拥在一起聚合成一个球形花序，每朵小花，都是 4 枚花瓣，每朵花内雄蕊的数量，也恰好是 4 枚。看来"4"是四照花的幸运数字。四照花的苞片呈花瓣状，这是植物界最普遍的一种花外花。例如我们常见的园艺植物三角梅，供观赏的是它的苞片，它真正的花朵是中间小小的白色花。为什么这些苞片会成为花瓣状呢？这些花的花朵往往比较小，较难吸引昆虫的眼球，而大而鲜艳的苞片不仅能招引昆虫前来帮助传粉，还可以提供一定的保护作用，防止花朵受到风雨等自然因素的侵袭，从而保护花朵的完整性和生育能力。

四照花的果实成熟后会变红，看起来很像荔枝，所以被人称为野荔枝。

野荔枝和荔枝有什么关系吗？

四照花（野荔枝，有的地方叫山荔枝）是山茱萸科山茱萸属植物，落叶小乔木，高5~9米。荔枝是无患子科荔枝属常绿乔木，高约10米。

看来，野荔枝与荔枝只是果实外表长得有些像而已。

晨露还挂在四照花的苞片上，我们终于拍清了这"野荔枝"的真容。镜头里的白色苞片稳如4个小月亮，托着中央的青果在风里晃悠。

回程的后视镜里，衡山的轮廓渐渐模糊，而那"野花路畔开"的景象却依然那么清晰。它提醒着我们：山野里最动人的从来不是名贵物种，而是那些默默无闻、随处可见的生命奇迹。行程中最美好的不一定是最亮丽的风景，而是那些与你同行的人。

2022-08-05

117

赤瓟｜剪剪黄花秋后春

先请大家读首小诗猜一谜语，打一蔬菜：

剪剪黄花秋后春，霜皮露叶护长身。

生来笼统君休笑，腹里能容数百人。

这是宋朝郑清之的诗，题名为《冬瓜》。你猜对了吗？

冬瓜花

黄花、霜皮、长身是冬瓜较为明显的特征，可能正是因为瓜皮上长有白霜，本来在夏天开花结果的瓜，却名为冬瓜。

冬瓜是葫芦科冬瓜属一年生蔓生或架生草本植物，茎、叶、花瓣、果皮上都长满长毛，简直可以叫作毛瓜。

今日我的主打蔬菜是红烧冬瓜。

冒着炎炎烈日在小区北面的菜地里拍了冬瓜后，我又特地到菜市场买了一小块冬瓜，根据儿时的印象，做了一盘红烧冬瓜。我削去带白霜的冬瓜皮，切块，背面切花，油煎，四面翻煎，起锅后迫不及待地尝了一口，是儿时的味道：软糯多汁，口感极佳。奇怪，怎么吃着吃着，还想起了毛氏红烧肉呢？

"吃货"先打住，今天的主题不是冬瓜，而是另一位葫芦科的小美人——赤瓟。

冬瓜

赤瓟是什么呢？先来认认"瓟"字吧，我凭直觉读páo。翻开《现代汉语词典》(第7版)查看，没有找到"瓟"而是找到了"瓝"，其读音为bó，释义为小瓜。而百度教育显示"瓟"有两种读音：读bó时，释义为

"同'匏'"和"小瓜";读 páo 时,释义为"葫芦之属。干则中空,可为容器"和"见'匏瓜'。星座名,即匏瓜"。

《现代汉语词典》(第 7 版)对"匏"下词条"匏瓜"的释义之一如下:一年生草本植物,叶子掌状分裂,茎上有卷须。果实比葫芦大,对半剖开可做水瓢。

匏瓜果实成熟后对半剖开,可做瓢。匏瓜,即葫芦。而瓟的果实很小,不能当瓢用。那"瓟"就应该是基本释义中的"小瓜",读 bó。

《现代汉语词典》(第 7 版)上为什么没有收录"瓟"字呢?

算了,不纠结了,我还是来说说我可爱的植物——赤瓟吧。

8 月 1 日傍晚,我与红和金妈妈三人一起在衡山山水人家山庄周边闲逛,走到福严寺附近,路边一串黄色的小花惊艳到了我们,这是我第一次见到赤瓟。

赤瓟是葫芦科赤瓟属植物。赤瓟的叶子形状像一颗爱心,它的花语是爱,和谐,幸福。赤瓟不仅仅花儿很美、叶形漂亮,它的成熟果实还特别喜气,像个迷你的灯笼垂挂在枝头叶间。

● 赤瓟花似铃铛

● 叶为心形

● 果色喜庆

民宿老板娘说赤瓟也叫野冬瓜,终于想起来此前为什么要闲谈冬瓜了。红妹忽然笑着说,郑清之当年如果见过赤瓟,怕是要把"腹里能容数百人"改成"心形叶里藏千爱"了。

赤瓟与冬瓜同属葫芦科植物,但一个娇小玲珑,一个五大三粗;一个凭的是颜值,一个靠的是口感。

萝卜白菜,各有所爱。你更爱哪一种?

我爱冬瓜的醇厚美味,更爱赤瓟教我的道理:美,从不需比较,它静静地绽放,在每一个生命的角落。

2022-08-09

鸡矢藤｜山花种种自然开

野花

宋·廖行之

草木送春归去后，山花种种自然开。

略无醉倒游人至，自有交情戏蝶来。

日暖欲令纷锦绣，风和未遣委莓苔。

清幽浑绝嚣尘态，应遣青阳恨莫陪。

在野外走的时候，你只要稍加留意，便会看到一些可爱的山野小花。它们是大自然的精灵，自然清新、自由自在，默默地点缀着山林，让你不得不一见倾心。

那个炎热的下午，我本是开车到望城三木村去找蓼的，刚走到村路上，便被路旁的一丛藤本植物所吸引，因为它开着颜值很高的小花。

这高颜值的花却有个很俗的名字：鸡矢藤。好奇了吧？鸡矢藤与鸡有什么关系呢？你要想弄清楚并留下深刻印象，如果在田间山野里看到了它，请一定要采下一片叶或一朵花揉一揉，然后放到鼻尖附近再闻一闻。事先说明一下：熏晕了可别怪我，为了科学求证被鸡屎样的臭味熏一下还是值得的。

臭臭的鸡矢藤

现在想想，"鸡矢藤"这一名字还是算赐名给它的植物学家们客气呢，它有一个更接地气的名字：鸡屎藤。

鸡矢藤的花冠钟状，上端 5 裂，外面白色，内表面紫色并有粉状柔毛。细长的花冠筛选出长口器的传粉昆虫，绒毛结构防止小型盗蜜者，植物与昆虫协同进化的智慧，在此可见一斑。

高颜值小花

后来我在月亮岛附近以及衡山上也看到过几次鸡矢藤。我不知道从什么时候起养成了一个坏习惯，看见鸡矢藤，明明知道它很臭，但还是要采片叶子闻一闻，就像看见了蓼便忍不住要尝一尝一样。闻到那股熟悉的鸡屎臭味，我居然还很满足。而且与朋友外出时，我常常骗她们也闻一闻，让她们深切感受到那种特殊的气味后，能记住鸡矢藤。

小时候我对鸡是又爱又恨的，爱的是营养美味的鸡蛋与鸡肉，恨的就是那鸡屎臭。打出生起我与鸡就有些不解之缘。20 世纪 60 年代末，家里真的很穷，碗里没有一点荤腥时母亲生下了我。据说父亲为了给母亲补补身子，故意借口鸡在堂屋里乱拉屎而打死了一只母鸡，那只母鸡是伯母准备留着孵小鸡用的。感谢父亲，让我这株小苗能够在一锅鸡汤的间接滋补下茁壮成长。还有，每年过生日，母亲会特地文两个鸡蛋给我吃，这个仪式，类似于现在的吃生日蛋糕了（文鸡蛋，岳阳临湘方言，文火煮鸡蛋的意思）。

至于我对鸡的恨，当然是它们太不讲究卫生了。随时随地，不管不顾你刚刚扫过地，它想拉就拉，臭且不说，稀溜溜的，扫不干净。我学了生物后才知道这真不能怪它们。鸡属于鸟类，飞行是鸟类的看家本领。为了减轻身体重量，鸟类在进化中退化掉了膀胱，直肠也很短，所以它们无法储存尿液和粪便。鸟类的排泄口称为泄殖腔，所有形成的粪便和尿液会直接送到泄殖腔中，随时排泄到体外，所以鸟类才会随时随地大小便。

飞越小溪的鸡影

我小时候经常看到鸡飞狗跳的场景，但那哪叫飞呀，扑腾两下而已。我真正看到鸡较远距离地飞，是在去年暑假。我与朋友一起徒步借母溪，在溪边客栈留宿一夜。傍晚几个人在溪边散步时，行至一小桥上，偶遇一群鸡。兴许是我们一群人占了鸡的过溪通道，突然一只鸡带头飞起，紧接着其他几只鸡也腾空而起，从小溪的此岸飞往彼岸的山林中。那一瞬间，我们被惊住了。我也深刻意识到，鸡真的属于鸟类。可惜当时我来不及调节焦距，只抢到了一点模糊的影像。

写着写着思绪就随鸡飞远了，还是回来接着聊聊鸡矢藤。鸡矢藤为茜草科鸡矢藤属多年生草质藤本植物。我在查找资料时发现，这么好看但臭臭的鸡矢藤，居然可以用来做一道广西、广东、海南等地流行的小吃——鸡矢藤粑仔。

鸡矢藤粑仔以鸡矢藤叶和大米为原料精制而成，据说具有滋阴壮阳、益气补血之功效，并且气味香醇。

看到这里，你有没有发现，鸡矢藤的智慧远比人类想象的深邃，它们把刺鼻的硫化物炼成护身的铠甲，又将清甜的秘密藏在叶里，化作滋养众生的温柔。而我们也总在童年鸡粪的酸臭里，咂摸出鸡蛋羹的醇香。

自然在荆棘与芬芳的交织中，教会万物以矛盾之美。

2019-09-08

含笑｜娇娆曾不露唇红

师大附中云麓楼前及琢园里，种有几株含笑。

印象中含笑是在春天里开花的，不知道是不是因为今年夏天阳光过于充足，9月份，含笑居然悄悄开了花。

那天从云麓楼前走过，我被一丝花香吸引，这才发现含笑在开花。

含笑为木兰科含笑属植物，花直立，淡黄色而边缘有时为红色或紫色，由于花开而不放，似笑而不言，故名含笑。它的花语为含蓄和矜持。

含蓄的含笑

开怀的含笑

含笑也有不含蓄的时候。9月3日我在云麓楼前拍到的含笑，花瓣全部张开，我猜它是被高温所迫，张开花瓣好散热吧。

含笑花是两性花，即一朵花既有雄蕊又有雌蕊，但往往雌蕊先成熟。这是植物减少自花传粉的常用策略。含笑花拥有醒目的颜色、甜美的香气以及易于释放花粉的雄蕊，这些都是为了更好地吸引蜜蜂和食蚜蝇等传粉昆虫前来传粉，从而确保其后代繁衍。

前天下午拍摄花时，我发现了深藏在树叶中的果实。含笑不仅是花开而不放，连果实也是含而不露的样子，难怪文人墨客喜欢吟诵含笑。

含笑的果实

含笑花

清·谢方端

娇娆曾不露唇红，多少情含暮雨中。

漫向人前羞解语，倚栏偷自笑春风。

宋代名人丁谓曾经赋诗一首——《山居》：

峒口清香彻海滨，四时芬馥四时春。

山多绿桂怜同气，谷有幽兰让后尘。

草解忘忧忧底事，花能含笑笑何人？

争如彼美钦天圹，长荐芳香奉百神。

丁谓是北宋时期的文学家、政治家，同时也是一位才华横溢但争议颇多的历史人物。他以其聪明绝顶、机敏智谋和多才多艺著称，但也因奸佞之行而留下负面名声，被后人骂为北宋"五鬼"之一。他的一句"花能含笑笑何人"，明朝诗人王佐用《含笑花》(其一)这首诗来回答：

尧草元能指佞臣，逢花休问笑何人。

君看青史千年笑，奚止山花笑一春。

意为：含笑只是花开一春，即便是讥笑也是笑一时；而像丁谓这样的佞臣，则是贻笑千年。

草木本无意，花开自有时。低调也好，招摇也罢，都是它们各自适应环境的生存策略。它们比人活得明白，管它史书怎么写，该开即开，该合则合。丁谓和王佐吵了千年的是非，对草木而言，还不如一滴甘露重要。

2022-09-11

松｜愿君学长松

国庆节到江西明月山，乘坐缆车直上山顶，然后一家人克服恐高的障碍，走完了青云栈道全程。

在我眼里，青云栈道风景区最美的不是云海，不是险峰，而是那些长在悬崖峭壁上的松树。

看到这些从岩石缝中横空伸出的松枝，你会不由自主地感叹人之渺小，由衷敬畏大自然中生命力量之顽强。

正因为松树能够在贫瘠的土壤甚至岩石缝中生长，而且在万物萧疏的寒冬，松树依旧郁郁葱葱，所以松与竹、梅并称为"岁寒三友"，同时也成

● 明月山的松树

为坚韧不拔、顽强不屈的象征。古代文学作品中多有对松的歌颂，摘录几句如下：

> 如月之恒，如日之升。
>
> 如南山之寿，不骞不崩。
>
> 如松柏之茂，无不尔或承。
>
> ——摘自《诗经·小雅·天保》

山中人兮芳杜若，饮石泉兮荫松柏，君思我兮然疑作。

> ——摘自《九歌·山鬼》

> 太华生长松，亭亭凌霜雪。天与百尺高，岂为微飙折？
>
> 桃李卖阳艳，路人行且迷。春光扫地尽，碧叶成黄泥。
>
> 愿君学长松，慎勿作桃李。受屈不改心，然后知君子。
>
> ——唐·李白《赠韦侍御黄裳二首》（其一）

诗中的松，是裸子植物松科松属植物的统称。它们为什么能耐贫瘠、抗寒

冬呢?

松树的木质部排列紧密，水分含量相对落叶乔木要低很多，不怕冻伤。这是其耐寒的原因之一。松树的叶多呈针形，角质层发达，表面积与体积较小，气孔下陷，厚壁组织充分发育，在生理上，它们和阔叶树种相比，更能忍耐缺水而不受伤害；且叶表面有一层类似蜡质的表层，可以减少水分的蒸发，不像其他落叶植物一样要通过落叶来减少水的蒸发。松树叶的脱落是随时进行的，并且伴随新叶的长出，所以松树四季常青。

松树的根系较为发达，可以扎根于贫瘠土壤甚至岩石缝中。不仅如此，松树根还可以与某些真菌共生形成菌根。菌根是土壤中某些真菌与植物根的共生体。菌根的主要作用是扩大根系吸收面，增强对原根毛吸收范围外的元素(特别是磷)的吸收能力。菌根真菌菌丝体既向根周土壤扩展，又与寄主植物组织相通，一方面从寄主植物中吸收糖类等有机物质作为自己的营养，另一方面从土壤中吸收养分、水分供给植物。大自然真的很神奇!

在师大附中校园里，也种有几棵松树。

广益楼西侧的这棵黑松，长势不错，上面已经结了球果，可惜我没有拍到过它的球花。松树雌雄同株，雄球花是小孢子叶球，雌球花是大孢子叶球。松树的球花一般于春夏季开放，花粉传到雌球花上后，要到第二年初夏才萌发，使雌球花受精，受精后雌球花发育成球果。球果由种子和鳞片

校园黑松的球果

构成，种子裸露，种子外没有果皮包被，因而松树属于裸子植物。10月份种子才成熟，从开花到种子成熟，共历时 18 个月左右。一粒松子来得真是不易。

执中楼的南面，也种有一棵松树。

南方的校园里，松树是比较少见的。

我很是好奇：师大附中校园里的松树是什么时候栽种的？是取"愿君学长松"之意吗？

师大附中校园里的这几棵松树，或许正是建校者埋下的时光胶囊。当莘莘学子路过它时，自然听见李白穿越千年的叮嘱：莫学桃李争刹那芳菲，要学松柏把年轮刻成笃定的诗行。

2020-10-11

果赢与瓜苦｜果赢之实，伊可怀也

东山（节选）

我徂东山，慆慆不归。我来自东，零雨其蒙。
果赢之实，亦施于宇。伊威在室，蠨蛸在户。
町畽鹿场，熠耀宵行。不可畏也，伊可怀也。
我徂东山，慆慆不归。我来自东，零雨其蒙。
鹳鸣于垤，妇叹于室。洒扫穹窒，我征聿至。
有敦瓜苦，烝在栗薪。自我不见，于今三年。

译文：

　　自我远征到东山，回家愿望久成空。如今我从东山回，满天小雨雾蒙蒙。栝楼藤上结了瓜，藤蔓爬到屋檐下。屋内潮湿生地虱，蜘蛛结网当门挂。鹿迹斑斑场上留，磷火闪闪夜间流。家园荒凉不可怕，越是如此越想家。

　　自我远征到东山，回家愿望久成空。如今我从东山回，满天小雨雾蒙蒙。白鹳丘上轻叫唤，我妻屋里把气叹。洒扫房舍塞鼠洞，盼我早早回家转。团团葫芦剖两半，撂上柴堆没人管。旧物置闲我不见，算来到今已三年。

诗中的果赢与瓜苦，即栝楼与葫芦，而我近日有幸拍到了这两种植物。

8月初，我在武隆仙女山度假。在一栋闲置度假别墅茅深草乱的院子里，一丛花如白色乱发的栝楼，或攀在绿篱上，或爬在地上，就这样静静地等我来。

前几天，我在学校打靶村拍那些被吹落到围墙外面平房屋顶上的栾树落花时，偶然发现围栏上、外面的屋顶上，也爬满了栝楼。我踩着很厚的落叶从教工宿舍南面的小坡上下到围栏边，拍了栾花再拍栝楼。我用手臂勾住栏杆再双手举相机拍照，不仅姿势难看，还不好找拍摄角度。热心的同事替我找了一个梯子架着，我这才腾出手来安心拍照。

栝楼（武隆）

栝楼（师大附中）

那天拍照后我采了一枝栝楼，在食堂前碰巧遇到老中医张医生。张医生一看就说：栝楼啊，一味中药，性寒味甘，能润肺化痰，理气宽胸。

栝楼不仅可入药，而且圆圆的果实在成熟过程中由绿变黄，甚是好看。

葫芦与栝楼都是葫芦科植物，分别为葫芦属与栝楼属。我第一次拍到葫芦是在武隆的天坑景区，一农家玉米地的边缘，挂了一篱葫芦。除了葫芦丝和葫芦小挂件外，这是我离开农村后再次见到葫芦，有些小激动。

葫芦（武隆）

葫芦（师大附中惟一楼）

我再次拍到葫芦，是在学校惟一楼六楼的露台上。学生种的瓜果蔬菜中，就有葫芦。学生种的葫芦虽然没有武隆的壮实，但看着更加亲切与令人感动。

葫芦的果实成熟后外壳木质化，中空，可作各种容器或玩具等。

"壶""卢"本为两种盛酒盛饭的器皿，因葫芦的形状和用途都与之相似，所以人们便将"壶""卢"合成为一词，作为这种植物的名称。我很好奇"壶卢"是怎么演化成"葫芦"的。

我小时候用过用葫芦做成的水瓢，现在用的塑料水瓢就是葫芦瓢的仿生版。读别人对诗句"有敦瓜苦，烝在栗薪"的解释，我才知道古代合卺风俗与葫芦有关。卺，是古代举行婚礼时用作酒器的瓢。合卺仪式是把一个葫芦剖成两个瓢，以线连柄，新郎、新娘各拿一瓢饮酒，同饮一卺，合起来依然是个完整的葫芦，象征婚姻将两人连为一体，从此相亲相爱永不分离。葫芦，谐音"福禄"，自古以来就是招财纳福的吉祥之物。葫芦，也因此成了画家所钟爱的题材之一。

葫芦瓢

我读《诗经》时发现，干葫芦还有一个用处：充当救生圈。古人渡河时，将风干了的葫芦果拴于腰上，人则可浮于水，故称为"腰舟"。有诗为证：

匏有苦叶

匏有苦叶，济有深涉。深则厉，浅则揭。

有弥济盈，有鷕雉鸣。济盈不濡轨，雉鸣求其牡。

雍雍鸣雁，旭日始旦。士如归妻，迨冰未泮。

招招舟子，人涉卬否。人涉卬否，卬须我友。

诗中的匏，就是葫芦。诗中描写了一名在渡口等候情人的女子急切的心情。"匏有苦叶，济有深涉。深则厉，浅则揭"，意即葫芦叶子已经干枯，瓜可做腰舟了，济水再深也得渡呀。水深则连衣慢慢过，水浅就提裙快快走。

小小葫芦，蕴藏不少中华优秀传统文化于其中。读诗使人灵秀，此话一点也不假。

2019-10-05

马兰 | 暗暗淡淡紫，融融冶冶黄

周六的正午，天气甚好，到琢园走走拍拍，顺便晒晒太阳。

在园子里石凳上坐着吃饭的两位女学生跟我打招呼，问我正在拍的是什么花。我回答说："是马兰。"

琢园的马兰花

"是童谣'马兰开花二十一'中的马兰吗？"学生追问。

"是的。"我答得比较有底气，因为前两天刚好看到一个比较有名的推送平台里写了相关的文章。

可是，我在搜索相关资料的时候产生了疑惑。

马兰，常见的有两种。一种是琢园里拍到的这种，是菊科马兰属植物，又叫路边菊、田边菊等。另一种马兰，则是鸢尾科鸢尾属植物马蔺的别名。

马蔺花

童谣中的马兰，是鸢尾科植物马兰（马蔺）还是菊科植物马兰？

我决定深究一番。查阅了多份资料和文献后，发现答案并非一目了然。童谣"马兰开花二十一"源远流长，其起源与具体指代的植物，并没有确凿的历史记载将其与某一科的马兰直接对应起来。

菊科植物马兰，其暗暗淡淡的紫色和融融冶冶的黄色，在春日里确实引人注目，且分布广泛，易于在乡间田野见到。这种看似平凡的野菊，实为中药马兰草的正源，《本草纲目》记载它能治血痢、解毒，古人甚至将嫩叶作野菜充饥。有古诗佐证：

马兰

宋·洪咨夔

马兰方草蔻，蒌蕿正参苓。

细捣橙杯脍，重编竹简青。

因此有不少人自然地将它与童谣中的马兰联系起来。

而鸢尾科植物马蔺(马兰)，根系发达，耐盐碱、耐践踏。在一些土壤沙化的草原上，其他植物都很难存活，它却能顽强地生长、开花。其蓝紫色花朵似蝶栖戈壁，唐代王维《使至塞上》虽未直写，但"大漠孤烟直"的苍茫中，必有此花凌风而立的身影。马蔺叶可编绳，种子入药称"蠡实"，《神农本草经》誉其"主皮肤寒热，通利九窍"。有古诗佐证：

马蔺草

明·吴宽

蘽蘽叶如许，丰草名可当。

花开类兰蕙，嗅之却无香。

这首诗道破了马蔺形似兰而无香的特质，恰如边塞将士的沉默坚守。

进一步探究民间传说与文化背景，我发现不同地区的人们对"马兰开花"有着不同的解读。有的地方认为是指那些生命力顽强、随处可见的野花，暗合童谣中的活泼场景；而另一些地方则可能更倾向于将之与特定节日或习俗中的花卉相联系，其中不乏将鸢尾科植物马蔺也纳入考虑的情况。

最终，我意识到，或许正是这种模糊性和多样性，让"马兰开花二十一"这首童谣得以跨越时空界限，成为一代又一代人口耳相传的经典。它不仅仅是对某种特定花卉的描绘，更是一种文化的承载，寄托了人们对自然之美的共同向往和对童年记忆的温馨回忆。

因此，如果再有人问童谣中的马兰究竟是哪一种时，我会回答，无论是菊科植物马兰，还是鸢尾科植物马蔺，它们都以各自的方式美丽绽放，而童谣中的马兰，或许正是那份不分种类、纯粹而美好的自然情怀吧。

2022-10-20

幸福树｜幸福就像毛毛雨

10月11日，生物组的贺老师在群里发布了一个消息：学校校史馆前的幸福树开花了！

今天抽空去看了看。幸福树黄绿色的花像一个一个小铃铛一样藏在枝叶间，不仔细看还真的不容易发现它们。据说幸福树的花期很长，感兴趣的朋友路过校史馆时可以去看看，说不定幸福的小花还在等你来欣赏呢。

幸福花开

幸福树，学名菜豆树，是紫葳科菜豆树属植物。幸福树原产于亚洲热带地区，在我国，主要分布在南部。它喜高温多湿、阳光足的环境。

也许是因为今年长沙的晴朗、高温天气持续到了10月中旬，而校史馆前阳光十分充足，使幸福树得以一展芳颜。

幸福树的花语是平安幸福。

就在发现幸福树开花的同一天，生物教研组组长在群里公布了一个消息："植物恋上诗"跨学科融合课程即将上线。

这个消息对我来说，是比知道幸福树开花更为幸福的一件大事。

从十多年前开始上"校园植物探秘""植物私生活""大自然，大课堂"等校本兴趣课，到编写的《镕琢桑梓——校园植物小百科》校本教材，再到"校园植物的科学探究与人文关注"校本课题研究，师大附中生物组的教师们一直在传承与创新。

特别是从 2017 年我开设"植物恋上诗"微信公众号，到 2021 年"植物恋上诗"跨学科融合校本课程的设计，我一直致力于尝试链接中华优秀传统文化与生物学知识，将生物学知识文学化，将文学知识科学化。

现在，"植物恋上诗"跨学科融合校本课程正式开课，生物老师与语文老师同台，文学意象与理性思维碰撞，就像看到一个新生儿从呱呱落地到长成少年一样，我的眼里忍不住漫出了幸福的泪花。

"植物恋上诗·镕园樟韵"一课对外开放的那一天，我到广益中学出差去了，没有听课，但看到群里对这堂课的评价，心中甚感安慰。

> 启发学生于寻常生活中探秘，从科学角度激趣，教学生学会学习，学会发现，学会探索，从文学、文化角度教学生领略美，集审美、文学、文化于一体，科学与审美兼济，诗意与科学融合。点赞 👍

> 文理交融　趣味盎然　收获匪浅 👍👍👍 既有生物学科的严谨又有语文学科的诗意。点赞 👍👍👍

○ 部分对"植物恋上诗·镕园樟韵"一课的评价

回想当年当初开设"植物恋上诗"微信公众号的想法是源于生物老师对语文老师的答疑，而现在开设此课程又将生物老师与语文老师的智慧融于课堂中，不禁对着电脑屏幕莞尔一笑。

我总觉得自己太过于懈怠，以工作太忙为由，文章更新速度很慢。今天盘点了一下，在微信公众号上居然也发了 120 余篇相关文章，又忍不住给自己点个赞。

从微信公众号到课程，从独自摸索，到一个课题组集体研讨，再到一个教研组群策群力，最后到两个教研组勠力同心，思路渐渐清晰，理念辐射越来越广，我的自豪感与幸福感陡增。

　　自己的想法得以实现、理念被认同，这种精神满足带来的幸福感远胜于物质上的满足。

　　这种幸福就像毛毛雨，一点一点慢慢浸来，也会润了心田。

2021-10-25

第三篇

秋草披凉露

水稻｜稻花香里说丰年

　　学校教学开放周的最终章——"四新背景下的同课异构教学竞赛"圆满落幕。就在颁奖仪式结束之际，一抹不同寻常的黄色闯入我眼帘，瞬间唤醒了我所有的感官。一位不认识的女老师抱着一把杂交水稻亭亭立在身旁。我很是好奇地问她为什么带着杂交水稻，并找她讨要几株。原来，语文竞赛课的课题讲的是袁隆平院士的"禾下乘凉梦"，这位有心的女老师特地从家乡带来了一把杂交水稻给学生们看。我原想她抱着水稻走不方便，肯定会分一大把给我，谁知道她却只小心翼翼地抽出了两株给我，那份珍视之情溢于言表，让人忍俊不禁。即便如此，这两株水稻于我而言，已是无价之宝。

　　下楼后碰到两个高一的女学生，我有些迫不及待地告诉她们，这就是生物课本里"科学家访谈"中提到的杂交水稻，并请两位学生帮忙拍照留影，留着下次给学生们讲袁隆平院士的"禾下乘凉梦"时用。

比学生高的水稻

　　谈及袁隆平院士，这位"杂交水稻之父"，寂寂无闻时就敢于挑战世界权威。1961 年，在黔阳农业专科学校（今怀化职业技术学院）教书的袁隆平，在一块早稻田里偶然发现了一株"鹤立鸡群"的水稻，收获种子后再播种研究，发现它并没有将其穗大、籽粒饱满的优良性状稳定地遗传下来，经研究分析发现这是一株天然的杂交水稻，而当时的权威理论是"水稻等自花传粉植物没有杂种优势，不宜进行杂交"。袁隆平老先生不迷信权威，并因此而开始了杂交水稻的研究。

　　袁隆平老先生名满天下时仍然只专注杂交水稻研究。他曾说过："我做过一个梦，梦见杂交水稻的茎秆像高粱一样高，穗子像扫帚一样大，稻谷像葡萄一样结得串串，我和我的助手们一块在稻田里散步，在水稻下面乘凉。"这个梦基本上已经实现。

袁隆平老先生还有一个梦想，即"杂交水稻覆盖全球梦"。在一次访谈节目中，主持人问："您让这种杂交水稻的技术免费与世界共享，为什么呢?"当时近90岁高龄的袁老先生回答："这是个好事情啊，为什么不让世界共享，为什么不让呢?"从他质朴的回答中流露出来的是高尚的情怀。

稻，这一承载着中华文明几千年智慧的作物，在《诗经》里留下了诸多篇章，见证了古人对丰收的期盼与生活的真实写照。

甫田(节选)

曾孙之稼，如茨如梁。曾孙之庾，如坻如京。乃求千斯仓，乃求万斯箱。黍稷稻粱，农夫之庆。报以介福，万寿无疆。

诗中描述的是丰收的景象：到了收获的季节，地里的庄稼获得了大丰收。不但场院上的粮食堆积如山，而且仓中的谷物也装得满满的，就像一座座小山冈。于是农人们为赶造粮仓和车辆而奔走忙碌，大家都在为丰收而庆贺，心中感激神灵的赐福，祝愿他万寿无疆。

鸨羽

肃肃鸨羽，集于苞栩。王事靡盬，不能艺稷黍。父母何怙? 悠悠苍天，曷其有所?

肃肃鸨翼，集于苞棘。王事靡盬，不能艺黍稷。父母何食? 悠悠苍天，曷其有极?

肃肃鸨行，集于苞桑。王事靡盬，不能艺稻粱。父母何尝? 悠悠苍天，曷其有常?

鸨善于浮水，但是不善于在树上栖息和飞行，而诗中的鸨却怪异地出现在柞树、酸枣树和桑树上，就好比诗中的主人公，抛弃本业，常年在外服徭役而不能在家乡种植黍稷和稻粱，不能侍奉父母高堂。于是他痛苦地质问"父母何怙?""父母何食?""父母何尝?"并高声向苍天呐喊"曷其有所?""曷其有极?""曷其有常?"

谈及稻香，辛弃疾的《西江月》无疑是令人向往的田园诗篇之一。

明月别枝惊鹊，清风半夜鸣蝉。稻花香里说丰年，听取蛙声一片。

七八个星天外，两三点雨山前。旧时茅店社林边，路转溪桥忽见。

美美的稻花

　　每当夜深人静时，读到"稻花香里说丰年，听取蛙声一片"，那份对乡村生活的怀念之情便如潮水般涌来，让人心生向往，渴望回归那个有稻香、有明月、有蛙鸣的简单而宁静的世界。在那样的夜晚，或许我们每个人都能找到心中的那个"禾下乘凉梦"，感受到那份最纯粹的幸福与满足。

2020-10-27

桂花｜好花偏占一秋香

今年师大附中校园的桂花秀，在一场人工降雨中姗姗迟来，又在一场秋雨微风的轻抚中款款谢去，仿佛一位迟来的佳人，带着几分矜持与雅致。

我与桂花有不解之缘。因为我的母校坐落在武昌桂子山上，在桂花飘香的季节里，在桂子山的运动场上，全班同学集体过了一个难忘的 18 岁生日，那份记忆至今温暖如初。

盼望着盼望着，中秋节来了，校园的桂花树却一株也不开；国庆节快来了，我再次翘首以盼，直到琢园水池边的一株桂花树悄然开花了，我满心欢喜，奔走相告，分享这一份喜悦。本以为国庆假期会与校园的桂花擦肩而过，不承想假期归来，这树桂花快谢完了，其他的桂花树却仍是沉默不语，似乎在等待什么。

又盼望着盼望着，体育节来了，三个月高温干旱无雨的长沙，居然在运动会开幕式后，断断续续下起雨来。看到雨来，我心中大喜：那些干旱得快要枯死的植物终于有救了！我当时不曾想到，这场雨居然是人工降雨。我更没有想到，降温降雨后，迎来了校园桂花盛开！

● 桂花飘香

原来桂花的绽放，需要一场秋雨一场凉的催化：秋季连续的低温与适量的雨水，正是桂花盛开的秘密。古人的诗句早已揭示这一自然规律：

中庭地白树栖鸦，冷露无声湿桂花。　　　　——唐·王建
暮烟疏雨西园路，误秋娘、浅约宫黄。　　　——宋·吴文英
浓香最无著处，渐冷香、风露成霏。　　　　——宋·吴文英
报道桂花成蓓蕾，雨余庭院喜新凉。　　　　——明·朱有燉

知道桂花的花期不是很长，于是桂花一开我便在校园里到处转转、拍拍，用镜头捕捉每一抹芬芳。

● 桂花树下透出运动的身影

● 体现担当的桂花树

排球场旁，桂花树下透着孩子们快乐运动的身影。乒乓球场旁，老人们锻炼时的笑声十分感染人，堪比桂花香。食堂台阶前，"桂花寥寥闲自落"。学生活动中心前，一树繁花一路芬芳。广益楼前的桂花树，守护在"成民族复兴之大器"的石刻旁，它是不是很有担当？

自古以来，文人对桂花的赏析作品特别多。辛弃疾的豪放、李清照的婉约、吴文英的细腻，无不将桂花描绘得生动传神：

清平乐·谢叔良惠木犀

宋·辛弃疾

少年痛饮，忆向吴江醒。明月团团高树影，十里水沉烟冷。

大都一点宫黄，人间直恁芬芳。怕是秋天风露，染教世界都香。

鹧鸪天·桂花

宋·李清照

暗淡轻黄体性柔。情疏迹远只香留。何须浅碧轻红色，自是花中第一流。

梅定妒，菊应羞。画阑开处冠中秋。骚人可煞无情思，何事当年不见收。

浣溪沙·桂

宋·吴文英

曲角深帘隐洞房。正嫌玉骨易愁黄。好花偏占一秋香。

夜气清时初傍枕，晓光分处未开窗。可怜人似月中嫦。

还没有闻够赏够，寒风乍起，雨淅淅沥沥地下了一夜。第二天清晨，我早早地起床，想赶在清洁工打扫之前抢拍一下满地落桂的场景，结果还是晚了一步。

我很想看到"盆池有鹭窥藻沫，石版无人扫桂花"的场景，却拍到了两只鸽子优哉游哉地在树下觅食落花，也别有一番风味。

落花

"惟有别时难忘，冷烟疏雨秋深。"桂花虽落，其韵犹存，正如我对那段青春岁月的怀念，永不褪色。

科普小知识：桂花，木樨科木樨属众多树木的习称。根据花色，有金桂、银桂、丹桂之分；根据叶形，有柳叶桂、金扇桂、滴水黄、葵花叶、柴柄黄之分；根据花期，有八月桂、四季桂、月月桂之分等。每一朵桂花都是大自然的瑰宝，值得我们品味与珍惜。

2019-10-28

地木耳与荠菜｜其甘如荠

周三的夜晚，师大附中羽毛球协会的活动如约而至，我邀请了几位球友，打算先在家里共享晚餐蓄积能量，再一同前往球场。原计划是三人晚餐，大家呼朋引伴，三人餐变成了六人餐。幸好我有一大袋包子，由婆家大嫂手工制作，而且是大家从来都没有吃过的包子——老面地木耳肉馅包，这地木耳更是来自革命老区大别山区南化塘的珍贵食材。

估计有不少朋友甚至没有见过地木耳，师大附中的孩子们比较幸运，他们都见过。在学校的生物实验课上，"观察原核细胞"的实验材料就是地木耳，由易老师精心网购而来。

地木耳并不是木耳。我们常吃的黑木耳是一种真菌，生长在栎、榆、杨、榕、洋槐等阔叶树上或朽木上，靠分解木材中的有机物获取营养，大概因为长在树

● 地木耳

木上、样子有点像耳朵而得名"木耳"。在生态系统中，黑木耳属于分解者。

地木耳跟木耳长得有点像，最早取名者估计是把它当成长在地上的木耳了。地木耳是一种原核生物，学名普通念珠藻。普通念珠藻是一种固氮蓝细菌，它不仅能利用色素进行光合作用，还能吸收空气中的游离氮，有固氮作用。在生态系统中，蓝细菌属于生产者。我的家乡有一个水库，每年春天，在雨后天晴的日子里，小伙伴们便相约到水库大堤的草丛中捡地木耳。捡地木耳容易，洗净地木耳可真的很难，而大嫂制作的包子中，竟没有一粒泥沙，可见她是多么用心地做好这一袋包子。

长嫂如母，此话一点儿也不假。当年我随爱人来到湖北郧县（今十堰市郧

阳区），这个陕西、湖北、河南三省交界的地方，当地人以小麦为主食。初来乍到，诸多不适，多亏有嫂子在县城。每到周末，我们便到嫂子家里去改善生活。尽管嫂子没有读过书，可她非常聪明能干，什么事都一学就会，尤其是做得一手好菜。那酸菜魔芋、辣白菜、卤牛肉、排骨藕汤、酸菜面条、老面馒头、手工饺子、蛤蟆咕嘟、豆角蒸面……我一想起来就口馋。现在嫂子全家也在长沙定居了，她知道弟弟喜欢老家的面食，不顾自己有肩周炎和关节炎，隔三差五地就送来一大袋油条、包子什么的。

上个周末与家人一起到湘江边散步，江边微风，花很美，一切静好。

咦，草丛中怎么洒落了这么多碎米粒？哦，不是碎米粒，是碎米荠的小白花点缀着绿草丛。碎米荠与荠菜同属十字花科植物，与萝卜、白菜等亲缘相近。

清代顾太清有诗云：

荠菜

清·顾太清

溪上星星小白花，也随春色斗豪奢。
绿波渺渺天边水，细草盈盈一寸芽。
春有限，遍天涯。千红万紫互交加。
野人自有真生趣，桃叶携筐亦可夸。

荠菜

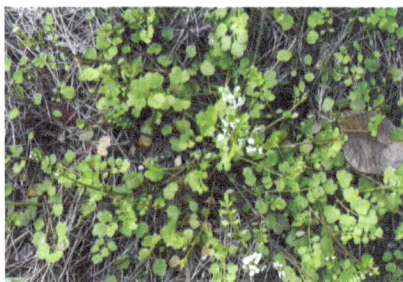
碎米荠

荠菜也叫地米菜，是有名的野菜，每年早春我都会采点来包饺子。我很好奇碎米荠能不能食用，上网一搜索，果然可以。于是，我边散步边采了一些较嫩的碎米荠回来。洗净—晾干—绞肉—绞菜—拌匀—调味—包饺子，我包完后煮了几个先试吃一下，味道与以前吃的荠菜饺子差不多，有一股荠菜的清香，我不禁对《诗经》中"其甘如荠"这一句产生了一点儿疑惑，因为两种荠菜都没有甜味。

在我看来，碎米荠的生存能力似乎比地米菜更强，在湘江河滩上、桃子湖边和校园的各个园子里，随处可见它的身影。这不，从江边采荠回来，我发现校园医务室前的柏油路的凹窝里，也顽强地生长着一丛碎米荠。

2019 年，长沙的冬天很暖和。江边的碎米荠不仅开了花，有的还结了果。春天似乎提前到来了。要挖荠菜的小伙伴们得赶紧，荠菜等你等得花儿快谢了。

地木耳与荠菜，它们或许不起眼，却以独特的方式，丰富着我们的餐桌，滋养着我们的心灵。在这个快节奏的年代，我们不妨放慢脚步，去发现，去品味，让心灵在自然的怀抱中得到真正的滋养与放松。

2020-01-09

野菊花｜问篱边黄菊，知为谁开

　　偶感风寒，久咳不止，我不得不请假在家中静养一天。脚踏烤火炉，身披羊毛围巾，我倚靠在暖气旁边，一边悠闲地整理之前拍摄的植物照片，一边享受着这份难得的宁静。存储卡里不时冒出的黄花照片，犹如繁星点点，勾引着我停下手中活来专注于它们。再看我，再看我，再看我，我就把你们秀出来。当然，还得配上几首古诗词，以增添几分雅致。

离骚(节选)

先秦·屈原

朝饮木兰之坠露兮，夕餐秋菊之落英。

苟余情其信姱以练要兮，长颔颔亦何伤。

擥木根以结茝兮，贯薜荔之落蕊。

矫菌桂以纫蕙兮，索胡绳之纚纚。

謇吾法夫前修兮，非世俗之所服。

虽不周于今之人兮，愿依彭咸之遗则。

　　木兰是一种香气淡雅的花木，常被用来比喻高洁的品质；而秋菊则在百花凋零的秋天独自绽放，象征着不畏严寒、坚贞不屈的精神。屈原以"朝饮木兰之坠露兮，夕餐秋菊之落英"自比，意在表达自己不随波逐流，不与世俗同流合污，坚守自己高洁品质的决心。

● 野菊花

野菊

清·沈光文

野性偏宜野，寒花独耐寒。

经冬开未尽，不与俗人看。

诗人赞颂野菊不畏严寒，在严冬下也能盛开，展现出顽强的生命力。让人不禁思考：为什么菊花不畏严寒？原来菊花是短日照花卉，它需要在日照缩短到一定时长以下才能孕育花蕾。从夏至开始，白天逐渐变短，到了秋天就满足了菊花花蕾对光照的需求，因此菊花多在秋季开放。菊花体内的含糖量较高，这是其耐寒的关键因素。由于水的结冰点随着含糖量的增高而降低，所以在寒冷结冰的气候条件下，菊花体内的细胞液因含糖量高而不容易结冰，提高了其对抗霜冻的能力。

鹧鸪天

宋·李清照

寒日萧萧上锁窗。梧桐应恨夜来霜。酒阑更喜团茶苦，梦断偏宜瑞脑香。

秋已尽，日犹长。仲宣怀远更凄凉。不如随分尊前醉，莫负东篱菊蕊黄。

醉花阴

宋·李清照

薄雾浓云愁永昼，瑞脑销金兽。佳节又重阳，玉枕纱橱，半夜凉初透。

东篱把酒黄昏后，有暗香盈袖。莫道不销魂，帘卷西风，人比黄花瘦。

李清照词作中频繁出现菊花，不仅展现了菊花的自然美，也寄托了词人自身的情感与理想。黄昏时分，词人在东篱边饮酒，菊花的香气盈满了衣袖，词人内心的思念之情如同这香气一般难以消散。西风卷起帘幕，词人看到窗外的菊花，不禁感叹自己比那菊花还要瘦弱，表达了词人深深的思念和憔悴。

至于菊花为什么这么香？当然不是为了赏花人"暗香盈袖"的浪漫，而是为了吸引昆虫传粉。除了香气外，野菊花还有很多奇妙的结构可用来招蜂引蝶。野菊花是菊科植物，是由多朵小花组成的头状花序，这样的结构使得数朵小花聚生于一平面上。花托作为花序的底部，

暗香盈袖的野菊花

舌状花
管状花

菊花的结构

支撑着整个花序,使得菊花的花序能够挺立在植株上,更易于昆虫发现和访问。昆虫吸食花蜜时,能够一次性接触并携带多个花序上的花粉,从而提高昆虫传粉的效率。菊科植物还具有聚药雄蕊的特征,即花药结合成花药筒。药室内向开裂使得花粉粒能够集中在花药筒内,昆虫访问时,能够更有效地将一朵花的花粉传播到另一朵花上。菊科植物雌蕊与雄蕊不同时成熟,在雄蕊成熟时,花粉粒散落在花药筒内,当昆虫采蜜时,花丝收缩或花柱伸长,将花粉从花药筒内推出,便于昆虫携带。当雌蕊开始成熟时,柱头伸出花药筒外,准备接受来自另一个花序的花粉。这些结构特点使得菊花能够更好地利用昆虫作为媒介进行传粉,进而实现繁殖。

野菊花在路边荒地草丛中野生野长,远离尘俗,超然洒脱;野菊花开在寒冷的深秋,不免让人感时伤怀;野菊花色纯香清,给人坚贞高洁之感;野菊傲霜不败,颇能体现豪情壮志。怪不得古代文人偏爱菊,写菊的诗词实在太多,而我关于野菊花的图片有限,有种图到用时方恨少的感觉。

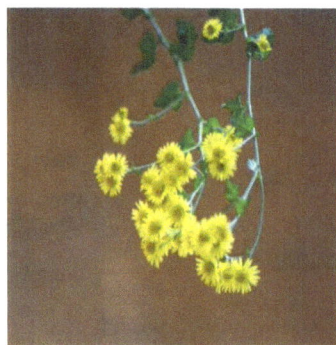

傲霜不败的野菊花

烤着火,喝着热茶,读着好诗词,我发现咳嗽声已渐渐消失。或许,止咳良方,正是那篱边绽放的黄菊,它们不仅以美丽和香气治愈我的心灵,更以它们那傲雪斗霜的精神,给予了我战胜病痛的勇气。

2020-01-11

益母草｜有草人不识

下午阳光正好，我漫步于银星湾公园，临回家前在湘江边看到了成片的益母草。它们生机勃勃，不像《诗经》中那被烈日晒得焦枯的益母草。

> 中谷有蓷，暵其干矣。有女仳离，慨其叹矣。慨其叹矣，遇人之艰难矣！

> 中谷有蓷，暵其修矣。有女仳离，条其啸矣。条其啸矣，遇人之不淑矣！

> 中谷有蓷，暵其湿矣。有女仳离，啜其泣矣。啜其泣矣，何嗟及矣！

——《国风·王风·中谷有蓷》

在这一古老的诗篇里，益母草以蓷（tuī）之名，默默诉说着女子的哀愁与命运的波折。遭遇不幸的青春如花的女子，如同山谷里无人照料的益母草。

诗中的"蓷"就是益母草，它又名茺蔚、九重楼等，为唇形科植物。诗人之所以用益母草来比兴，应该是由于益母草可用于治疗妇科疾病。《本草纲目》中详细记载了益母草的功效，它可调经活血，治疗多种妇科疾病，甚至被誉为"久服令人有子"的神草。

湘江边有蓷

蝶恋花

明代诗人陈献章的《益母草》一诗，更是将这份神奇和敬畏表达得淋漓尽致。

益母草

有草人不识，弃之等蒿莱。

时来见任使，到口生风雷。

溲也佐未足，益以蜜与醯。

生者得其养，死者无遗胎。

岐黄开本草，天札人所哀。

一物具一周，神功不可猜。

佳名夙所慕，广济真天才。

关于益母草的药用价值及名称的由来，有一个动人的传说：从前有位心地善良的姑娘秀娘救了一只受伤的黄麂，后来秀娘临盆难产时，那只她救过的黄麂叼着一棵香草来到她家，秀娘服下用这棵香草煎的药汤，疼痛渐止，顺利生下了胎儿。秀娘知道了这种草药的功效，便采了许多种在家前屋后，专门供产妇生孩子时服用，并起名叫"益母草"，从此这种草药广为流传。这一传说不仅赋予了益母草以灵性，更彰显了母爱的伟大与无私。

今天恰好是母亲节，益母草让我心生许多感慨。往年的母亲节，总有些伤感。在失去了母爱若干年后的今天，我的失母之痛已经渐渐平复。在由女儿到母亲的角色转换中，我慢慢体会到，最好的母爱是陪伴。我年轻的时候不懂这些，对女儿是有亏欠的。直到她上了大学离开了家，母女之间有了较深入的交流，我才意识到母亲这个角色我真没有担当好。这些年，我在努力学会做母亲，在女儿需要我的时候，用心陪伴。近日，女儿工作特别忙，这个周末又加班，没有时间回家，但一家人线上交流了很久。女儿絮絮道出她近段时间的工作成就、体会及烦恼，我静静听她诉说，不时给予鼓励、安慰和建议，直到交流因女儿的工作被打断，不知不觉时间过去了一个多小时。时间不算长，她在国外求学时，我们经常打开微信连线几个小时，她写论文我备课，时不时聊上几句，更多的时候是听着彼此的呼吸声，互相陪伴着，知道彼此安好就好。

今天与女儿深入交流后，出门便遇见了益母草。它仿佛在告诉我，母爱不仅仅是血缘关系的纽带，更是心灵的陪伴，无论身在何处，只要心中有爱，便能跨越万水千山，感受到彼此的温暖与关怀。

2020-05-10

箬竹｜粽包分两髻

到菜市场去采购食材，市场却勾起我满满的回忆。几乎每一个摊位上，都可看到粽叶、棕榈叶与艾叶这三种看起来特别亲切的叶子在售，一股浓浓的端午气息扑面而来。我毫不犹豫买了两把粽叶和一片棕榈叶，准备向陆游学习，好好过个端午节。

乙卯重五诗

重五山村好，榴花忽已繁。

粽包分两髻，艾束著危冠。

旧俗方储药，羸躯亦点丹。

日斜吾事毕，一笑向杯盘。

粽叶

陆游的诗在脑海里轻轻回荡，他描绘的山村端午景象，是如此温馨而生动。而我手中的粽叶，又将如何编织出属于我的端午记忆呢？

粽叶自然是用来包粽子的，艾叶则被挂在门边，用以驱虫避邪，至于棕榈叶，它的用处，且听我慢慢道来——它将被撕成细条，作为包粽子的天然绳索，既结实又环保。这是父亲教给我的。

包粽子

准备工作有条不紊地进行着：把糯米用清水淘一淘，再用热水浸泡；把粽叶清洗干净，然后把棕榈叶刷干净，并撕成细长条，用开水烫一下。烫的目的有二：一是消毒，二是增强棕榈叶的韧性。

包粽子，是一门需要耐心与技巧的手艺。我学着父亲的样子，将粽叶卷成空心圆锥状，在里面放一根筷子，加入适量糯米，然后用筷子沿着粽叶的叶面轻轻往下压，米被压实的粽子吃起来才筋道。米装好后，包扎是关键，撕成细条的棕榈叶此时便派上了用场。它们紧紧缠绕着粽子，仿佛为这份传统美食穿上了一层坚硬的盔甲。

粽子入锅，加冷水，直至没过粽子，灶火燃起，水开后转为小火，耐心等待约40分钟后，满屋飘香，粽子终于煮熟。

煮好后，我让女儿先尝尝。开始一点儿也不感兴趣的她，打开粽子后，先说"哇，好香"；吃完后，又特地给我点了个赞。我心里暗暗松了口气，总算没有忘记父亲教的手艺。

包粽子用的粽叶是什么叶？不同的地方用叶有些差异，有用荷叶、芭蕉叶、粽叶的，甚至还有用菰

用棕榈条串起的粽子

叶的，陆游曾写道："盘中共解青菰粽。"好奇"菰"是什么吗？古人称茭白为"菰"，在我的印象中茭白的叶子是细长的，要用它包好粽子可不容易。

我的家乡岳阳则偏爱用箬竹叶包粽子。

箬竹是禾本科竹亚科箬竹属植物，《本草纲目》中记载："箬，若竹而弱，故名。"我一直以为箬竹是矮小的草本，有一次到安化的茶马古道去玩，发现在一悬崖边的密林中，长有一片浓密的箬竹。为了争取一点阳光，箬竹高高伸向天空，怕是有2米多高。其生命力之顽强，令人赞叹。

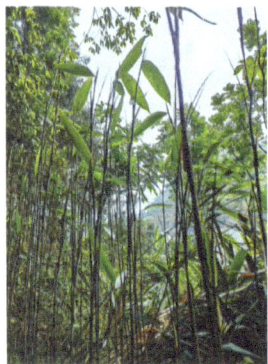
安化箬竹

箬竹的叶子很宽且韧性足，是最常用的粽叶。用箬竹叶包的粽子，吃起来有股竹子的清香，让人回味无穷。

今天是父亲节。女儿用自己的奖金给她父亲买了个电子记事本。而我用父亲教给我的方法包了粽子。遥望星空，我默默地吃了两个粽子，心中充满对父亲的思念与感激。这种传统，这份手艺，希望能在我们手中代代相传，成为连接过去与未来的纽带。

2020-06-21

篱栏网｜野花仍吐细微英

识花人最懂相知相催，这话不假。我手机里存着上周在湘江边拍的篱栏网，本打算偷个懒混过花期，偏偏被娟逮个正着。她给我发来了消息，说校园家属区也发现了篱栏网，要我赶紧去拍、去写。我终于鼓起勇气，将那份对篱栏网的喜爱与发现，化作文字，与更多人分享。

攀附在枯枝上的篱栏网

初遇篱栏网，是在那如诗如画的小东江畔。国庆假期，我独享了一段静谧时光。清晨，微风拂面，江边的小黄花如同点点繁星，点缀在翠绿的草丛间，那一刻，"水草远含青翠色，野花仍吐细微英"跃然心头。篱栏网有着纤细而坚韧的生命，以它独有的方式，向世界宣告着它的存在。

再遇篱栏网，是在干旱肆虐的湘江边。枯黄的草地，失去了往日的生机，而篱栏网的小黄花，却在这片荒芜中绽放，如同夜空中最亮的星。花瓣上的五角星，像是神秘印记，让人不禁感叹大自然的奇妙。

校园里的篱栏网，更带给我一份惊喜与思索。循着娟的线索找到合作村二栋时，正午的阳光在水泥墙面上烙出斑驳光影。我先只看见何首乌的繁茂花穗在墙角探头，却不见篱栏网的半点踪影，转身正要走，忽见一楼生锈的铁栏杆上垂落几串明黄——原来篱栏网早把钢筋水泥当作深山老藤，在防盗网间隙织出流动的金瀑。这般攀缘本事，倒让我想起苏轼"钩帘归乳燕，穴纸出痴蝇"的慈悲，万物生灵，总能在人造的樊笼里辟出生路。

你看到五角星了吗？

　　我第一次在校园见到篱栏网时，很是好奇它的来源，直到看见防盗网的主人周末拎着钓竿往江边去，方才恍然：鱼线沾着草籽，雨靴带着泥星，这篱栏网的种子，怕是跟着垂钓者，从江滩流浪到校园，在水泥缝里寻着半掌春泥发芽、生根。

　　篱栏网的生存智慧藏在旋花科植物的血脉里。

　　它的幼茎顶端会高频回旋探索，一触到竹篱、栏杆甚至电线，立即分泌黏液固定接触点，随后茎内维管束加速分裂形成螺旋状强化结构。这种"主动出击"的攀缘策略，让它能从密植的灌木丛中突围而出。

　　每朵小花凋零后，会孕育出暗藏玄机的蒴果——果皮内层细胞在干燥时稍有外力触碰即呈弹道式炸裂，将种子弹射至 3 米开外。这种传播机制配合种皮特有的钩状绒毛，既能借风媒远行，又可附着在动物皮毛或人类衣物上迁徙。

　　面对贫瘠环境，篱栏网演化出独特的 C3-CAM 兼性代谢系统，湿润时按常规 C3 途径高效生长，干旱威胁下则启动 CAM（景天酸代谢）途径：白天气孔紧闭减少蒸腾，夜间气孔开启吸收二氧化碳，将二氧化碳转化为苹果酸暂存。

● 攀附在栏杆上的篱栏网

　　篱栏网，不仅拥有美丽的外表，还有一定的药用价值。然而，当我看到它从水泥墙边顽强钻出，不畏干旱、不怕贫瘠时，心中除了敬佩，也生出了一丝隐忧。作为外来入侵物种，它的生存繁衍，是否会对校园其他植物构成威胁？

　　自然界的平衡，总是微妙而复杂。篱栏网的到来，或许会带来新的生态变化。作为观察者，我们既要欣赏它的美丽与顽强，也要思考如何与自然和谐共处，如何在保护生态环境的同时，让每一种生命都能找到属于自己的位置。

2022-11-04

石榴｜石榴美艳，一撮红绡比

　　清明天气，永日愁如醉。台榭绿阴浓，薰风细。燕子巢方就，盆池小，新荷蔽。恰是逍遥际。单夹衣裳，半笼软玉肌体。

　　石榴美艳，一撮红绡比。窗外数修篁，寒相倚。有个关心处，难相见，空凝睇。行坐深闺里。懒更妆梳，自知新来憔悴。

——宋·杜安世《鹤冲天》

　　我在读杜安世的这首词时，一方面觉得他用红色薄绡来比喻石榴的花形花色，用词真妙；另一方面又有些疑惑：我拍到校园里的石榴花开是 6 月初，而词中清明就发现石榴美艳了，比师大附中花开足足早了两个月。难道宋代石榴花开要早些？抑或作者只是在某个天朗气清的春末夏初的日子里有感而发而已？

石榴花开（琢园）

石榴果

　　每每对花读诗词，总羡慕古代女子"行坐深闺里"的从容，如今琢园石榴花开花谢，我却只能在课间操的间隙匆匆一瞥，哪有时间"愁如醉"，哪有工夫"空凝睇"？我不禁进一步反思：是不是因为我们的生活节奏太快，少了闲情逸致，也就使世上少了一些文人墨客呢？

　　日子过得越来越匆匆，琢园的石榴花开过后，不知不觉中就结了果，而我到了 10 月才再次回访它们，发现许多石榴果实成熟后就自己裂开了。裂开后的石榴籽又到哪去了？各位读者请看下图。

你们有没有看到鸟的长尾？几只鸟正在啄食裂开的石榴籽。我端着相机屏住呼吸悄悄靠近，还是被十分警觉的它们发现了，只留下了这个模糊的身影——这些精明的食客专挑成熟的果实。而石榴的裂开也充满了智慧。石榴种子内存在丰富的淀粉酶，当籽粒成熟时，酶解作用使胚乳收

鸟影

缩，产生足以撕裂果皮的机械力，使果实在成熟时绽开，且裂口朝向阳面，方便鸟类发现。

石榴的原产地不是中国，晋朝张华的《博物志》载："汉张骞出使西域，得涂林安石国榴种以归，故名安石榴。"难怪《诗经》中没有关于石榴的记载。

唐朝以后，随着石榴从宫廷走向民间，古代诗词中写石榴者越来越多了。我觉得其中写得最为豪放的当属苏轼的《石榴》：

风流意不尽，独自送残芳。

色作裙腰染，名随酒盏狂。

石榴与中国的服饰文化有着密切的联系。"交龙成锦斗凤纹，芙蓉为带石榴裙。日下城南两相望，月没参横掩罗帐。"梁元帝的这首《乌栖曲·其三》，应该是石榴裙的最早由来。古代妇女着裙多喜欢红色，而当时染红裙的颜料，是用茜草、红花、苏木等植物染料制成的，因为颜色看起来像石榴花之红，人们就把这样的裙子叫作石榴裙。

传说杨玉环酷爱石榴花，爱吃石榴，爱穿石榴裙。唐玄宗为她在华清池、王母祠等地广泛栽种石榴，每当石榴花竞放之际，赏花品酒，甚至让众大臣看到穿石榴裙的杨贵妃就下跪。这就是"拜倒在石榴裙下"的由来。后来，"拜倒在石榴裙下"成了男人为女人倾倒的俗语，"石榴裙"成为古代年轻女子的代称。

紧密团结的石榴籽

学校的石榴裂开后被鸟类抢食了，即使没有被抢食大家也不敢摘。为了拍石榴的籽，我特地买了两个石榴，一个是硬籽的，另一个是软籽的。

剥开石榴的果皮，那一颗颗紧紧相依的籽粒，让我深刻理解了"像石榴籽那样紧紧抱在一

起"的含义。湖南师大附中有个"石榴籽小分队"，其成员是一群支教耒阳的老师。支教学校条件非常艰苦，他们不仅把湖南师大附中的教育和教学理念带到了支教学校，还充分展现了湖南师大附中老师们团结协作的工作作风与乐观向上的生活态度。他们就像石榴籽一样，紧紧相依，共同为教育事业贡献力量。在此，我要为他们点一个大大的赞！

石榴的可食用部分是其外种皮，多汁，甜而带酸；内种皮为角质，粗糙不能吃。软籽石榴的出现，大大改善了石榴的口感，也解决了吐籽的麻烦，让人可以大口品尝。软籽石榴是普通石榴的内种皮发生了变异的结果，硬籽石榴角质退化变软了，就成了软籽石榴。

太阳初升时，琢园的石榴树在熠熠发光。杜安世的愁绪、杨玉环的裙裾、支教老师的行囊，都在枝丫间凝结成晶莹的籽粒。那些被灰喜鹊带向远方的籽粒，会在陌生的土地上，重演两千多年前丝绸与瓷器的远征吗？

2019-11-09

柚子｜霜催橘柚黄

10月底的湖南师大二附中一片金黄，那是柚子成熟的季节。校园里挂满了沉甸甸的柚子。它们不仅赏心悦目，更是馋人。我真想偷偷摘一个尝尝，但到底是没有动手，因为有告示：观赏柚，请勿摘。我只是拍了几张照片，留个念想。得知师大二附中有个传统节日——柚子节，每年柚子成熟后，师生共同采摘，集体分享，我心中便充满期待，央求他们给我预留一个。

师大二附中的柚子花

终于，师大二附中的柚子熟了，被采摘了，微信上也推送了《秋日乐章｜二附中的柚子又熟了》的文章，我满心欢喜地转发，我该吃到心心念念的柚子了。

周六晚上，丈夫回家后，递给我一个黑色袋子，里面装了两个柚子，还没有打开，一股清香已扑鼻而来。

我迫不及待地对着两个柚子左拍右拍，然后才舍得切开一个品尝。没有想到的是，这柚子居然肉质细嫩，水分充足，酸甜可口，味道好极了！看样子师大二附中的水土真的很好。

柚子的可食用部分是内果皮向内生长的多个汁囊，内果皮膜质，将每瓣果肉隔开。由于厚厚的外果皮、中果皮及膜质的内果皮保护，柚子可以储存很久。

我将柚子皮留了下来，一个放到衣柜里去异味、留清香，另一个准备制成一罐健脾润肠、清热去火的蜂蜜柚子茶。柚子的种子我也不想丢掉，准备播种。柚子很容易发芽，我还记得若干年前在办公室里养的柚子苗，萌萌的，很可爱。

其实，师大附中校园里也有柚子树，就在学校西边教工宿舍三栋旁边的园子里，闺蜜晓红的院子旁。每次到晓红家里去，我便要看一看、拍一拍那些柚子。前天去看时，柚子快成熟了，虽然长相不太好，但我很期待它们的味道。

师大附中校园篮球场旁围墙外，也有一棵柚子树，上面也挂了不少果，果皮一天比一天黄。

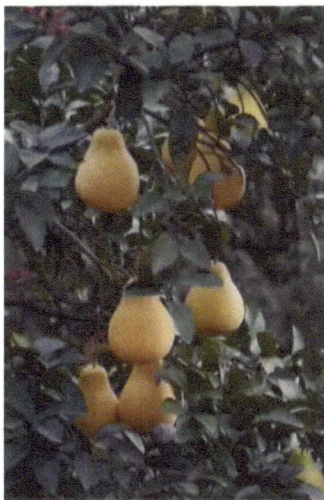

● 师大附中的柚子

对这些柚子，我只有眼馋的份，因为它们是周边居民家的。

柚子树不仅仅是果树，也是观赏植物。它树体笔直，枝叶繁茂，四季常绿。春天，柚子树会开出白色素雅的花朵，花香沁人心脾，能吸引人们驻足欣赏。秋天，一树金灿灿、沉甸甸的柚子挂满枝头，给人们带来丰收的喜悦。

我爱柚子的理由很多，大多与吃有关。一个理由是柚子里有旅行的记忆。每次长途旅行，我必备水果之一就是柚子。我发现旅途中带柚子有几大好处：一是柚子自带分装袋（膜质内种皮），可以一瓣一瓣地吃，卫生，不易变质；二是柚子水分充足，糖分适中，补水、供能又解困；三是柚子多吃不上火，不像橘子，我前两天贪吃了几个，嘴角长起了水泡，几天也不见好。

爱柚子的另一个理由是柚子里有浓浓的亲情。这里要说的是岳阳老家的胡柚。同是芸香科柑橘属植物，胡柚的果实较小，果肉的颜色较黄，肉质要透明些。胡柚味道偏酸并稍带些苦味，可能正因为如此，胡柚没有沙田柚等的名气大，但在我的心目中，胡柚的地位却很高。胡柚的果肉和果皮具有止咳化痰功能，以果肉加冰糖蒸后口服是治感冒咳嗽的有效偏方。我有慢性咽喉炎的职业病，每到冬天，稍不留神便会干咳数日。因此，姐姐每年都会给我准备一大袋胡柚。但去年冬天我回岳阳，竟然难寻胡柚。后来，姐夫在单位同事群里发了一条求柚信息，同事们纷纷送来胡柚。那种温情，常让我心中涌起暖流。

古人也钟爱柚子，李白就曾用"人烟寒橘柚"来描述深秋的景象。

秋登宣城谢朓北楼

唐·李白

江城如画里，山晓望晴空。

两水夹明镜，双桥落彩虹。

人烟寒橘柚，秋色老梧桐。

谁念北楼上，临风怀谢公？

柚子之黄，不仅映照在秋日的宣城，更映照在我心中，那是关于美食、关于亲情、关于旅行的美好记忆。

2019-11-12

第四篇

冬枝一何清

南天竹｜瘦骨亭亭却奈雪霜侵

　　琢园的小拱桥边，种有三株南天竹。每年 5 月，它便悄悄地开花。由于位置较偏，花香又不浓烈，很少惹人注意，甚至很少有人知道它的名字。但在清朝诗人蒋英的眼里，南天竹却有着极高的地位，能与梅花和竹子相提并论。

南天竹的小花

南歌子·南天竹

清·蒋英

　　清品梅为侣，芳名竹并称。浑疑红豆种闲庭。深爱贯珠累累、总娉婷。

　　不畏严霜压，何愁冻云凌。渥丹依旧叶青青。好共岁寒三友、插瓷瓶。

　　南天竹的花小，没有开时像白色的米粒一样，许许多多的小花聚集成圆锥形花序，直立于绿叶之上，这时才比较抢眼。开放的小花有 6 片白色、狭长的花瓣，花的雄蕊也有 6 片。金黄色的花药，淡淡的清香，是它们吸引昆虫前来传粉的法宝。

南天竹的叶子与竹叶有几分相似，因而许多人误以为南天竹也是竹子一类的。这或许是它得名的原因之一。有诗为证：

虞美人·天竹
清·王策

疏斜影傍墙东住，懒向淇园去。看伊也抱岁寒心，瘦骨亭亭却奈雪霜侵。

湘江神女怜清婉，未忍啼痕染。绿珠娇小早宜时，那得秋风红豆不相思。

显然，"湘江神女怜清婉，未忍啼痕染"说的是湘妃竹，而"绿珠""红豆"说的应是南天竹的果实。

其实，南天竹是小檗科南天竹属常绿小灌木，竹子是对禾本科竹亚科植物的统称，前者是双子叶植物，后者是单子叶植物，两者在植物分类上有着明显的界限。

南天竹的果实

清代文学家李渔在《闲情偶记》中盛赞南天竹"以叶胜，以花胜，以果胜，青之绿之，为红为紫，为黄为碧，五色陆离，四季出彩"，这些描述都充分展现了南天竹的美好形象。

南天竹在春天和夏天比较低调，但秋冬季却显得十分火热，像个多变女郎。南天竹的果实呈球形，刚开始为浅绿色，成熟的时候变成鲜红色，南天竹的叶子在秋季会慢慢变红。红果与红叶，傲霜凌雪，为寒冷萧瑟的冬季增添了活力和生机。正因为南天竹有如此特性，才有了"瘦骨亭亭却奈雪霜侵""不畏严霜压，何愁冻云凌""最难得、丹成粒粒，耐冰霜、节与此君同"等诗句。

诗人都说南天竹"耐冰霜"，却不知它御寒的法宝。南天竹叶边有像锯齿一样的小凹槽，能引导冰晶顺着固定的方向结冰，防止乱长的冰晶刺伤叶片；南天竹红色果实里的色素能够吸收阳光中的紫外线用来发热保温；天冷时叶子会把淀粉转化为单糖，增强细胞的渗透压，防止冻伤。所以，南天竹虽不是竹，却与竹一样傲雪凌霜。

　　当霜雪到来时，松、竹、梅披上素雅的白衣，南天竹则"丹成粒粒"，成为冬日里一道亮丽的风景线，为寒冬增添了一抹温暖与希望。

2023-05-21

柿｜数株红柿压疏篱

办公室里放有几个柿子，它们是我上个月底在祁东曾家大院摘的。

可能是因为气候太干旱，曾家大院里的柿子树长得不是很茂盛。一群乡里妹子还乡来，见柿眼开，勾的勾，拉的拉，扯的扯，费了好一番功夫才摘满了一纸袋硬柿子。准备返城前，有人说村子的池塘边有几棵柿子树结果特别多，我们赶紧前往。哇，这才是丰收的景象。一串串沉甸甸的柿子将柿子树的

池塘边的硕果累累

枝条压弯了，有的垂到了池塘里。见我们拍照，柿子树的主人热情地出来跟我们打招呼，说现在还没有成熟不能吃，并慷慨地让我们摘些回去。

柿子带回后，在办公室里放置了十多天，终于熟了，与几位同事分享，那滋味真甜。

新鲜柿子

柿子做成柿饼后更有嚼劲，味道更好。我以前看到柿饼上的白霜还以为是面粉或什么脏东西，吃之前总要洗掉它，嫁到湖北郧县(今郧阳区)后，嫂子告诉我，这种白霜是柿饼自己长出来的糖分，做得好的柿饼才会长白霜。好奇之下，我上网搜了柿饼的制作流程：去皮脱涩、软化干制、辅助出霜。

新鲜柿子为什么涩？怎样脱涩？

新鲜柿子里含有大量的可溶性单宁，当食用含有单宁的柿子时，单宁与唾液中的蛋白质尤其是活性较强的酶类结合，形成酶-单宁复合体，使酶、蛋白质失活沉淀，导致唾液失去对口腔的润滑作用，同时引起舌部上皮组织收缩，于

是产生口干舌燥的感觉，产生涩感。脱涩的过程，实际上是柿子中的单宁物质从可溶性到不可溶性的转变过程。将新鲜柿子削皮、悬挂，然后在40摄氏度左右恒温条件下处理24小时，即可达到脱涩的目的。

柿饼的白霜是什么？怎样辅助出霜？柿饼的白霜其实是柿饼析出的糖分。柿饼出霜的外界条件是需要有一个冷热交替、较封闭的环境。温度较高时水分外移，糖分跟随析出；温度降低后促进析出的糖分结晶。传统方法是将柿饼堆在一起、遮盖，也可放在缸中，一层柿饼一层干柿皮，装满后封缸，置于阴凉处生霜。工厂化生产柿饼，往往是利用烘干房人工模拟冷热交替的过程来辅助出霜。

吃柿饼的时候会发现有的柿子有核，有的无核，这又是为什么呢？

核即柿子的种子。柿子树是雌雄异株植物，无核柿的种子不发育，最主要的原因是胚囊败育。胚囊本身不发育，自然也就不能接受精子并形成种子。而果实要发育成功，需要发育的种子合成生长素。为什么没有种子却能形成果实？自然形成的无子果实，在单性结实过程中，子房内必须含有较高浓度的生长素，才能刺激子房发育成果实。生产上常用2，4-D或NAA等生长素类似物溶液处理番茄、茄子的未授粉的花蕾，培育无子果实。

农家小院的柿子

对于像我这样热衷美食的人来说，柿子就是一种水果，好看、好吃又清火。对文人来说，柿子代表诗情画意。宋代诗人舒岳祥和郑刚中的诗句，便生动地描绘了柿子的红与美。

丙子九月陈村避地三绝（其二）

宋·舒岳祥

一溪屈曲与山随，要试跻攀脚未衰。

隔岸人家西日外，数株红柿压疏篱。

晚望有感

宋·郑刚中

霜作晴寒策策风，数家篱落澹烟中。

> 沙鸥径去鱼儿饱，野鸟相呼柿子红。
>
> 寺隐钟声穿竹去，洞深人迹与云通。
>
> 雁门蹄甚将何报，万里堪惭段子松。

柿子甜，不仅满足了我们的味蕾，还激发了人们的美好联想。

恋人之间送柿子，代表着"一生一世（柿）""一世（柿）情缘"。

朋友之间送柿子，寓意为"红红火火""事（柿）事如意"。

我若送柿子，单纯是因为觉得它好吃，愿意与你分享这份甜蜜与美好。

愿我们都能像柿子一样，经历风霜雨雪之后依然香甜如初，并将这份美好传递给身边的每一个人。

2022-11-26

木槿｜有女同车，颜如舜华

每每看到木槿花开，脑子里便冒出"有女同车，颜如舜华"这一句古诗来。

有女同车

有女同车，颜如舜华。将翱将翔，佩玉琼琚。彼美孟姜，洵美且都。

有女同行，颜如舜英。将翱将翔，佩玉将将。彼美孟姜，德音不忘。

诗中的"舜"即木槿，"舜华""舜英"即木槿花。相传在上古时期，舜救活了三棵木槿树，木槿仙子为报舜活命之恩，以舜为姓，以示纪念。诗中描绘的女子，容颜如同盛开的木槿花一般，美丽动人。而木槿，这自古便与美丽紧密相连的植物，更在我的心中留下了深刻的印象。

落花

9月底到桃子湖去散步，发现桃子湖东北侧木槿花开得没有往年的好，干瘦干瘦的，肯定都是今年干旱的结果。林下的空地上，掉落着不少木槿花。它们朝开暮落，遵循着自然的规律。

木槿花属锦葵科，跟棉花同科。夏秋开花，花色丰富，有紫、白、红、淡紫等颜色。其花"迎晨而放，日中即落，至夕则谢"，故又称"朝开暮落花"，有多句古诗为证：

风露凄凄秋景繁，可怜荣落在朝昏。　　　　——唐·李商隐

莫言富贵长可托，木槿朝看暮还落。　　　　——唐·李颀

莫恃朝荣好，君看暮落时。　　　　　　　　——唐·刘庭琦

槿花不见夕，一日一回新。　　　　　　　　　——唐·崔道融

细心观察的你会发现，木槿同一枝上的花颜色各异，有的红，有的偏紫，而落花则几乎变成蓝色。花瓣之所以呈现不同的颜色，主要是因为细胞液中含有花青素。花青素是一种水溶性色素，可以随着细胞液的酸碱度变化而改变颜色。细胞液呈酸性则偏红，细胞液呈碱性则偏蓝。据此推断，木槿花在成熟衰老脱落过程中，其细胞液的碱性在逐渐增强。

木槿花的雌蕊成熟时，花柱延伸，花柱从中部开始分为5支，柱头扩大呈伞状，表面覆满绒毛，以便更多地接收花粉。此时雄蕊是不成熟的，花朵只能接受其他花提供的花粉。雄蕊成熟时，雌蕊的花柱缩成一团，此时的花只具有雄花功能，可以为其他花的雌蕊提供花粉。这种雌雄蕊不同步成熟的方式避免了自花授粉造成的近交衰退的问题。

花蕊

在桃子湖拍到的木槿花是重瓣的，第二天在恒大名都小区里拍到了单瓣木槿花。看多了重瓣花再看单瓣花，有没有觉得单瓣花有种小清新的感觉？

单瓣木槿花

重瓣花的许多花瓣由雄蕊特化而成，雌蕊探出特化的花瓣之外。单体雄蕊筒是自然选择下的传粉优化方案，而重瓣特化则展现植物在人工驯化中的妥协艺术——用部分繁殖力换取人类庇护传播。就像木槿在野生环境中保持单瓣高育性，一旦被移入庭院，便从容演化出重瓣形态，成为人类与自然双重选择下的生存赢家。

元代诗人舒顿称赞木槿花可与芙蓉花和牡丹花媲美。

木槿

爱花朝朝开，怜花暮即落。颜色虽可人，赋质无乃薄。

亭亭映清池，风动亦绰约。仿佛芙蓉花，依稀木芍药。

炎天众芳凋，而此独凌铄。慰目聊娱情，苍松在岩壑。

木槿花不仅好看，还可以吃。记得前些年在乡下吃过木槿花炒蛋。木槿花

的做法很多，可以做汤、油炸、炒鸡蛋、做饺子馅料等。

木槿的花语是"坚韧、质朴、永恒、美丽"。这让我想起湖南师大附中的许多女同胞：在家争做良母、贤妻、好女儿，在校重担双肩扛，有如木槿花一样，温柔地坚持着，尽情绽放着自己的那份成熟之美。

木槿花，这朵古老而美丽的花，不仅承载着历史的记忆，更寄托着人们对美好生活的向往与追求。愿我们都能像木槿花一样，无论环境如何变迁，都能坚韧地绽放。

2019-11-24

木芙蓉｜水边无数木芙蓉

11月，在长沙，在花花草草中，木芙蓉绝对是占据中心位置的。

湖南师大附中门前，桃子湖西畔，小桥流水旁，一片片木芙蓉竞相开放，绚烂夺目。生活小区的人工湖边，也有几株木芙蓉傲然挺立，灿烂盛开，为小区增添了几分生机与活力。

● 水边无数木芙蓉

上周爬岳麓山，下山时到穿石湖绕了一圈，发现湖边也有几株木芙蓉，它们与岳麓山的红叶遥相竞美。

南宋词人赵昂在《婆罗门引》一词中，以夸张的手法描绘了木芙蓉的美丽：

婆罗门引

暮霞照水，水边无数木芙蓉。晓来露湿轻红。十里锦丝步障，日转影重重。向楚天空迥，人立西风。

夕阳道中。叹秋色、与愁浓。寂寞三千粉黛，临鉴妆慵。施朱太赤，空惆怅、教妾若为容。花易老、烟水无穷。

赵昂在词中，说宫里三千粉黛看了木芙蓉花，感到不易打扮了，不施朱不行，而施朱则"太赤"，不管怎样，总是打扮不出木芙蓉花的那种粉红来，屡屡打扮而总不能与花比美，所以只有"妆慵"与"惆怅"了。虽说有些夸张，但足以说明木芙蓉在古人心中的地位。

我倒是没觉得木芙蓉有多美，只是习惯性地看到花就喜欢，就忍不住要拍摄。那天从岳麓山回学校时从桃子湖边走过，路过木芙蓉旁时，同行的玲突然问我：为什么一朵木芙蓉花中有几种不同的颜色？我还真没有想过这个问题，

一花多色

问得我一愣，然后想起可能是花青素变化的缘故。

今天整理照片时又想起这个问题，赶紧查找，才知道光照强度和温度变化，会导致木芙蓉花瓣中不同部位的花青素浓度和酸碱度不同，使花瓣呈现出不同的颜色。花瓣的颜色，在清晨如雪白，中午变成浅红，傍晚变成深红。花色一日三变，又名"三醉芙蓉"。

看到这，有没有觉得有些似曾相识的感觉啊？没有错，我前面介绍的木槿花，也是花色多变，朝开暮落。原来木芙蓉与木槿同属锦葵科，它们的血脉里都流淌着善变的基因。

而毛泽东同志在《七律·答友人》中的"芙蓉国里尽朝晖"，更是将湖南比作芙蓉花到处盛开的地方，赋予了芙蓉花更加深厚的文化内涵。

七律·答友人

毛泽东

九嶷山上白云飞，帝子乘风下翠微。

斑竹一枝千滴泪，红霞万朵百重衣。

洞庭波涌连天雪，长岛人歌动地诗。

我欲因之梦寥廓，芙蓉国里尽朝晖。

据传，因为谭用之"秋风万里芙蓉国"之句，湖南便有了"芙蓉国"之称。

秋宿湘江遇雨

五代·谭用之

湘上阴云锁梦魂，江边深夜舞刘琨。

秋风万里芙蓉国，暮雨千家薜荔村。

乡思不堪悲橘柚，旅游谁肯重王孙？

渔人相见不相问，长笛一声归岛门。

但因为芙蓉有水芙蓉（荷花）与木芙蓉之别，所以对这首诗里的"芙蓉"有所争议。

《格物丛谈》里说："芙蓉之名二：出于水者，谓之水芙蓉，荷花是也。出于陆者，谓之木芙蓉，此花是也。此花丛高丈余，叶大盈尺，枝干交加，冬凋夏茂，及秋半始花，花时枝头蓓蕾，不计其数，朝开暮谢。后陆续颇与牡丹芍药相类。但牡丹芍药之花，不如是之夥且繁也。"

木芙蓉，又名拒霜花，可能得名于它花开晚秋、傲霜斗寒。

这周气温骤降20摄氏度。这些伴我们走过千年诗篇的精灵，是否经受得住长沙多变天气的考验？合上书本推门而出，只见桃子湖畔，木芙蓉的倒影在水中漾出万花筒般的纹路。突然懂得古人为何将湘楚大地称作芙蓉国——在这片惯看斑竹泪痕与洞庭飞雪的土地上，唯有这既柔且韧的花木，才能与湖南人骨子里的那份血性吻合：既能在盛世绽放"十里锦丝步障"的华彩，亦可在寒潮中坚守"拒霜"的孤勇。木芙蓉，何尝不是在用生命的色谱，续写"万类霜天竞自由"的永恒诗行？！

2019-12-01

金樱子｜润色犹烦顾长康

枫叶红了，银杏黄了，阳光正好，周末来临，我迫不及待地拿起相机包，准备到户外享受难得的好天气。在整理包的时候，发现侧面的袋子里有一颗干枯了的金樱子。那是 10 月初，与几位同事约着到校门前的凤凰山走走，因沉浸于拍照而掉在后面的我，突然发现山路上有一颗金樱子，顺手捡起来放在相机包里的。没想到这一放竟是两个月的光景。

带刺的金樱子果

攀缘在树上的金樱子

金樱子，一个充满乡土气的名字，它属于蔷薇科蔷薇属，是一种生命力顽强的攀缘灌木。金樱子在早春时节开花，花瓣洁白，花蕊亮黄，香气宜人。由于它在枝干、叶片甚至花托上都长有小刺，所以又被称为刺花，花朵凋谢后还会慢慢长出带刺的金樱子果实。

金樱子为什么会浑身长刺呢？这既是一种自我保护的机制，也是传播种子的智慧。

洁白的金樱子花

当金樱子的果实成熟后，它们会自然脱落并散布到周围的环境中。由于带有刺，果实可以附着在动物的身上，动物在移动过程中就可能将金樱子的种子带到其他地方，从而实现种子的传播。金樱子还可通过其枝条上的皮刺钩挂在其他物体上，并利用其生命力和适应力进行攀缘生长。这种特殊的攀缘方式使得金樱子能够在各种环境中生长繁衍，并展现出独特的美丽和生命力。

金樱子的果实是由花托发育而成的假果，壁厚而坚硬，内有多粒坚硬的小瘦果，内壁及瘦果均有淡黄色绒毛。记得小时候，我们常将金樱子采回来，去掉外面的刺和里面的带毛的果实与种子，品尝那甜如蜜的果肉。正是因为它的味道甜且外形像个小罐子，金樱子又被称为糖罐子。

小时候没有什么零食，我们就靠山吃山。不光是金樱子果，连茅草根、酸模的茎、野蔷薇细嫩的茎、杜鹃花等，都是我们的零食。《本草纲目》中有一附方——金樱子煎："霜后用竹夹子摘取，入木臼中杵去刺，擘去核。以水淘洗过，捣烂。入大锅，水煎，不得绝火。煎减半滤过，仍煎似稀饧。每服一匙，用暖酒一盏调服。活血驻颜，其功不可备述。"看来金樱子有活血驻颜的功效。或许现在我身体健壮、气血尚好，正是得益于儿时那些不经意的"补品"。

宋代隐逸诗人丘葵曾以"金樱子"为题，写了一首充满生活气息的诗：

采采金樱子，采之不盈筐。

佻佻双角童，相携过前岗。

采采金樱子，芒刺钩我衣。

天寒衫袖薄，日暮将安归。

读到这首诗时，我有些好奇"佻佻双角童"采金樱子的目的，是像我小时候一样满足口腹之欲？还是采回去给父亲泡制一壶好酒？抑或是送到药材店去换点银两贴补家用？

宋代诗人谢蒉也盛赞过金樱子：

采金缨子

三月花如蘑卜香，霜中采实似金黄。

煎成风味亦不浅，润色犹烦顾长康。

读这首诗，不懂"蘑卜"是何物。《辞海》(第六版)释义为"花名"，并提及《本草纲目》记载："木丹，越桃，鲜支，花名蘑卜。"有网友说"蘑卜"是栀子花，不知是真是假。但我印象中的金樱子花不如栀子花香。"润色犹烦顾长康"这一句就更不易懂了，又搜索，只查到：顾长康是顾恺之，"六朝四大家"之一，水墨画鼻祖之一。因为他在文学和绘画方面有很高的成就，于是人们称他为"画绝""才绝""痴绝"。我猜猜，这句诗的意思是不是说金樱子花色之美，使得顾长康在绘画调色的时候都觉得自愧不如呢？

或许谢朓早已参透其中道理：当自然的造化在枝头酿成金盏，丹青圣手又何须再调朱砂？

再次登上凤凰山，我将那粒沉睡在相机包里的金樱子放回山坡。它早已褪去鲜亮色彩，但褐皮果皮上却依然倔强地支棱着尖刺，准备在泥土里继续完成一场无声的攀缘，在来年的3月，为春风再添一份带刺的注解，为自然再添一幅美丽的画卷。

2019-12-10

红花檵木｜为谁辛苦为谁甜

在师大附中校园里，红花檵木以其独特的姿态点缀着每一个角落，从科学楼前琢园的"地图"边界，到惟一楼与图书馆前的造型各异的盆景植物，再到镕园和广益楼前的紫色"大圆球"，它们无处不在，成为校园绿化中不可或缺的一部分。

说实话，我一直觉得红花檵木颜色不够周正，叶片红不红、紫不紫的，常被修剪成方形的绿篱和球形的样子，一点儿也不自然，即使开了花，红花配紫叶，又是一团一簇的，怎么看都不觉得美，所以，一直没有写它的冲动。

红花檵木

白花檵木

相比之下，我更喜欢野生的白花檵木。家乡老屋的风急岭上，长有一大片白花檵木。每年清明节时，恰逢檵木花盛开。白色的花海，时而搅动心绪，时而抚慰我心。

然而，一次生物实验却让我对红花檵木产生了强烈的兴趣。

上周，在学生做"绿叶中色素的提取与分离"实验时，我鼓励学生自己准备一些叶片来进行拓展探究。学生捡来了不少银杏叶，我也到琢园采摘了些红花檵木的叶子给学生用。

琢园地图

檵木叶上的糖滴

就在这红花檵木围成的"地图"边界的右下角，在我采摘叶片时，意想不到的事情发生了：有许多叶面摸起来黏黏的，像摸到了蜂蜜一样，定睛一看，叶面上有亮晶晶的液滴样物，我立马想到了糖。采了几根小枝回到实验室后，用水冲洗了一下其中一片叶，那疑似糖类的物质溶化了些许。斗胆尝了一下，不出所料，果真是甜的，真的是糖啊！

有没有看到那叶面上亮晶晶的糖精灵？有没有发现我的指甲缝里残存的叶绿素？一只手拿相机，一只手举着叶子，我居然还基本做到了对准焦距。

叶面上的糖滴

叶面上的水珠

做完实验后外面下起了毛毛细雨，我到琢园去回访那些糖精灵，发现它们已经被雨水稀释了，叶面上留下了小水珠。我让学生比较一下糖滴与水珠。他们发现，糖滴没有水滴分布得那么均匀，形状也没有那么规则。

红花檵木叶分泌糖的现象让我想起了小时候吃过的枞毛糖。枞毛就是枞树的叶子，枞树就是松树。我小时候打交道最多的一种植物就是枞树。雨后的夏天，枞树底下厚厚的落叶层里，会长出味道十分鲜美的枞菌，我经常做"采蘑菇的小姑娘"。秋冬季节，松针会落满地，我们会用一种特殊的工具——耙子采回松针叶当柴烧。运气好的话，还会吃到枞毛糖。枞毛糖长在松针叶基部，松松软软，香香甜甜。

现在回想起来，松树与檵木至少有两个相似之处：一是都会分泌糖，二是都是上好的柴禾。其他的，真的相差甚远：松树是裸子植物，属于松科，檵木是被子植物，属于金缕梅科。

这几天我有些痴狂，逢人便问："你吃过枞毛糖吗？你见过檵木糖吗？为什么檵木会分泌糖？"自己也尝试对檵木叶片分泌糖现象进行推测。今年冬天长沙气候十分反常，干旱无雨。在低温干旱条件下，植物体内可溶性糖增加，这有利于提高细胞内液体的渗透压，利于保水与抗冻。可能是糖分太多，有的便从细胞内分泌出来了。打电话请教湖南师范大学生命科学学院的陈教授，陈教授肯定了我的推测。

可是，糖到底是从什么地方渗出来的？是有专门的分泌腺还是从细胞中随机渗出的？抑或是干旱导致表皮细胞壁产生了裂缝，细胞内的糖分外溢了？

与植物的对话，似乎是一场永无休止的探索，虽然耗神费时，我却乐此不疲。

2019-12-22

银杏｜满地翻黄银杏叶

师大附中广益楼前有两棵银杏树，每天上班时，从广益楼一楼爬到五楼，透过楼梯间的窗户，看着它们一天一天地变化，由绿变黄，从满树金黄到落黄满地。

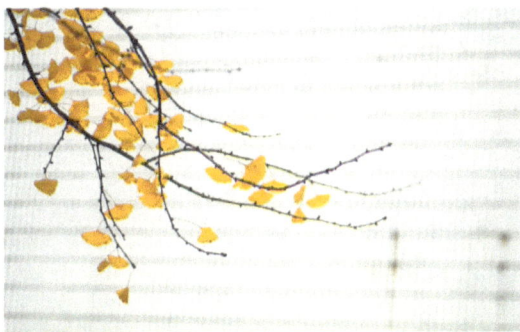

● 银杏黄了（广益楼）

银杏原产于中国，为中生代孑遗的稀有树种，被誉为"植物界的大熊猫"。这么珍稀的物种，过去却有个很有乡土气息的名字——鸭脚子。

和圣俞李侯家鸭脚子

宋·欧阳修

鸭脚生江南，名实本相符。

绛囊因入贡，银杏贵中州。

欧阳修的这首诗说明，从下里巴人的"鸭脚子"到阳春白雪的"银杏"，只因被皇室看中。

● 鸭脚子（橘子洲）

后来，李时珍也在《本草纲目·果部》中记载："白果……鸭脚子……原生江南，叶似鸭掌，因名鸭脚。宋初始入贡，改呼银杏，因其形似小杏而核色白也。"

这里要特别说明一下：银杏非杏，白果非果。此话怎讲？且听我慢慢道来。

银杏属于裸子植物。所谓裸子植物，简单地说：种子裸露，没有果皮包被。也就是说，我们常说的白果，实际上是银杏的种子。而我们常吃的杏，则属于被子植物，种子有果皮包被。

为了让大家看得明白，我掏出之前捡回的白果，忍着扑鼻而来的白果的特殊臭味，剥开了它的肉质外种皮，再用水果刀切开它坚硬的中种皮，最后用指甲抠开它的膜质内种皮，露出它的胚乳——我们食用的部位。

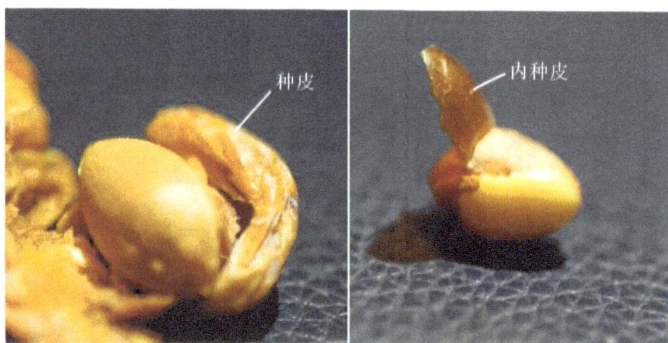

种皮　内种皮

银杏种子的结构

而杏，它酸甜可口的肉质果皮可吃，敲开它的厚厚的内果皮，里面的种子即杏仁。银杏与杏的果实外形相似，怪不得古人为鸭脚子取名为"银杏"。

瑞鹧鸪·双银杏

宋·李清照

风韵雍容未甚都，尊前甘橘可为奴。
谁怜流落江湖上，玉骨冰肌未肯枯。

谁教并蒂连枝摘，醉后明皇倚太真。
居士擘开真有意，要吟风味两家新。

李清照曾用"玉骨冰肌不肯枯"来形容银

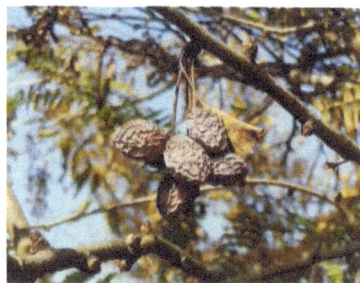

并蒂连枝的白果

杏的高洁自重、不自暴自弃的品性。从她的这首词里，可看出这位杰出女词人的生物学素养也不低，"谁教并蒂连枝摘"，白果确实是一簇簇挂在枝头上的，落下的白果常见两两"并蒂连枝"。

李清照的慧眼不仅捕捉到了银杏的形态特征，更赋予其人格化的精神品格。

现代研究更发现，银杏的生存智慧也令人惊叹。银杏外种皮含有的银杏酸、氢化白果酸等物质，既可作为驱虫的化学武器，又能通过特殊臭味吸引啮齿类动物传播种子。李时珍记载的"熟食温肺益气……生食降痰消毒"，实则是古人对其化毒为药的深刻认知——经过高温烘烤，有毒的氰苷类物质转化为止咳平喘的有效成分。银杏叶片独特的二叉分支脉序被称为"叶脉活化石"，这种看似简单的结构实则暗藏玄机：每片扇形叶的二次分叉角度都精确控制为137.5°，这个黄金分割角使叶片在有限空间内实现光合作用效率最大化。

下课铃响了，不少学生也被这金黄色的银杏落叶深深吸引。他们有的拾起几枚叶子，轻轻地夹进课本里；有的捡起一粒落果，仔细研究。或许，不久的将来，夹在课本里的鸭脚叶会酿成十四行诗，而那让人一闻难忘的白果气味，会催生理想的种子，结出丰硕的智慧之果。站在五楼的窗前，我望着银杏树下的孩子们，想象着若干年后的情景，一个人偷着乐。

2019-12-28

梅｜寂寞开无主

二月中旬，手持通行证，面带口罩，回到校园拿课本与资料准备给学生上网课。那天天气晴好，校园里的一草一木显得那么的亲切。路过镕园，看到梅花开得快谢了。

知道校园里不能逗留太久，但还是忍不住下车匆匆按下快门，记录下这片刻的美好。

梅子熟了（镕园）

梅花开了

流水落花

今年没有雪，没有看到红梅傲雪的俊美模样。疫情之下，我却无意中看到了流水落花春去也的凄美场面。重读陆游的词，心有戚戚焉。

卜算子·咏梅

宋·陆游

驿外断桥边，寂寞开无主。已是黄昏独自愁，更著风和雨。

无意苦争春，一任群芳妒。零落成泥碾作尘，只有香如故。

"驿外断桥边，寂寞开无主。"陆游笔下的梅花，孤独而坚韧，恰似校园的红梅与蜡梅。

校园里有两种被称为"梅"的花，一种是红梅，一种是蜡梅。尽管都带有"梅"字，但它们却不是近亲。

红的是梅花，蔷薇科杏属植物。梅与兰、竹、菊并称为"四君子"，与松、竹并称为"岁寒三友"。

黄的是蜡梅，蜡梅科蜡梅属植物，古称黄梅，"蜡梅"一名据说得自苏东坡。

蜡梅花开

蜡梅一首赠赵景贶

苏东坡

天工点酥作梅花，此有蜡梅禅老家。

蜜蜂采花作黄蜡，取蜡为花亦其物。

天工变化谁得知，我亦儿嬉作小诗。

君不见万松岭上黄千叶，玉蕊檀心两奇绝。

醉中不觉度千山，夜闻梅香失醉眠。

归来却梦寻花去，梦里花仙觅奇句。

此间风物属诗人，我老不饮当付君。

君行适吴我适越，笑指西湖作衣钵。

在东坡居士的笔下，蜡梅花瓣如酥油般细腻，有超凡脱俗、禅意盎然的气质。

蜡梅树下好读书

琢园里的科学楼前有几棵蜡梅树。2019年元月的某个下午，阳光下，蜡梅黄色的花瓣晶莹透亮，美得有些炫目。蜡梅树下，一位女同学认真学习的模样，悄悄定格在我的存储卡里。我不敢声张，怕惊扰了她。

这两张照片中的背景，怕是很难再现。因为2020年的元月，琢园的含苞待放的蜡梅被剪枝，为新种的银杏腾出空间。被剪的蜡梅不知道何时才能恢复元气，不知会不会受银杏的影响。但我要悄悄告诉爱蜡梅的你：如果想要观赏蜡梅花，请到打靶村教工宿舍区，那里藏着几棵无人争抢的蜡梅树。

生活终于走上正轨，我们重返校园。梅花凋零后结出了青青的小果子，不知不觉中镕园的梅子就熟透了。上周六路过镕园，看到梅林下，落了一地的果，捡了一颗梅子尝鲜，真的酸得要掉牙，不信你可以亲自去尝尝。友情提示：想尝味得趁早，因为有成群的鸟儿在守着那些果儿呢。

梅子落了

翻看学校的老照片，可见镕园初建时是没有梅花的。

镕园初建时的模样

镕园现在的模样

这些年眼看着镕园梅树结出的梅子一年比一年多，琢园的银杏渐渐长大，惟一楼外墙刷新又斑驳。就像东坡居士写梅诗里说的，这校园里的花开花落，何尝不是我们共同写下的生活诗？

2020-05-26

雪松｜你们是我心中的第一首诗

　　日子似乎越过越快，一转眼又是年底了。阳光再次冲破了雾霾，窗外渐渐明媚起来。我忍不住推开办公室的窗，让阳光洒进来。就在此时，我一眼瞥见，攀登广场一株雪松突破了樟树重围，枝条在微风中摇晃着，略显瘦弱又有些傲骄。

突破重围的雪松

攀登广场的雪松

琢园的雪松

　　雪松是松科雪松属植物。雪松的幼叶上往往有一层白粉，远看就像白雪覆盖在松枝上，故而得名"雪松"。

　　校园里的雪松，长得有些艰难。攀登广场的雪松，由于种在樟树林中，饱受樟树的压迫，身子被挤得变了形。尽管如此，它还是在奋力向上生长。世纪广场的雪松，一方面可能是土壤太过贫瘠，另一方面是旁边的银杏等树与之竞争，未伸展开。琢园的雪松，靠近惟一楼的那株，西侧被连廊阻挡而无法伸展，最近被剪了枝。另一株不知道是什么缘故，本该拥有的漂亮塔尖没有了，尽管如此，半截身段也将雪松的优美身形显出来了。

　　雪松是典型的观形树种，它可高 30 米左右，所以应该种在开阔的地方，让它的枝条充分伸展。而琢园里，紧挨雪松的东侧，新植了几株银杏树，不知到时候是雪松干扰银杏还是银杏干扰雪松抑或雪松与银杏都长不好，令人担忧。前几天回家路过渔人码头时，发现在那个三角路口的花坛里，几株雪松优雅、端庄地直立在那里，仿佛跳着芭蕾的美少女一般。这才是雪松本来的样子。我看得痴了，绕潇湘北路两圈才找到停车位，下车拍下了它们。

渔人码头的雪松

在生物学里，雪松的身形是典型的宝塔形。

雪松为什么呈宝塔形？这得从生长素与顶端优势说起。植物生长素的主要作用是调节植物生长，但它具有两重性，浓度较低能促进生长，浓度较高会抑制生长。植物顶芽产生的生长素逐渐向下运输，枝条上部的侧芽附近生长素浓度较高。由于侧芽对生长素浓度比较敏感，因此它的发育受到抑制，植物因而表现出顶芽优先生长而侧芽受抑制的顶端优势。到竹林或白杨林中，可以更直观地感受到顶端优势的存在。

为什么雪松等植物呈上尖下宽的宝塔形呢？实验研究表明，这与不同激素间的相互作用有关。顶芽产生的生长素向下运输会抑制侧芽的生长，而根合成的细胞分裂素向上运输会促进侧芽的生长。结果，越靠近顶芽的侧芽生长越受到抑制，而靠近根部的侧芽则发育长成较长的侧枝。

师大附中校园里的雪松大概是太年轻了，我从来都没有见过它的球花，更不用说球果了。雪松的花果为什么难得一见？雪松的雌株一般要生长 30 年左右才能开花结果。这是原因之一。雪松多为雌雄异株，而且雄球花比雌球花要早开 10 天左右。也就是说，当雄球花的花粉已经散落，雌球花才姗姗来迟，授粉概率当然极低了。这是原因之二。

11 月中旬，到首都师大附中进行学习交流。车子刚停在首都师范大学附属中学的门口，我透过车窗惊喜地看到：雪松正在开花！趁着数学老师们去听数学课的空当，一个人在首都师范大学校园里观赏了一圈植物，重点考察了雪松。

看到雪松的球果，有没有觉得像松树在下蛋？

雪松的球花

雪松的球果

　　黎巴嫩的国旗和国徽上就有雪松的标志。黎巴嫩人认为，黎巴嫩雪松是韧性、圣洁、力量和内在生活的象征，是黎巴嫩重要的文化象征。黎巴嫩诗人娜迪亚·图埃尼曾写过一首诗歌赞美雪松：

Cedar

I saluate you

You

Who draw life from a single root

With the night as your watchdog

Your rustlings have the splendor of wordy

And the supremacy of cataclysms

I know you

You

Who are hospitable as memory

You wear the grief of the living

Because this side of time is time as well

I spell your name

You

Who are unique as the song of songs

A great cold enfolds you

And heaven itself is in reachof your branches

I defy you

You

Who wail in our mountains

So that we hear the sounds in our blood today

Which is yesterday's tomorrow

Crosses your forms like a setting star

I love you

You

Who depart with the wind as your banner

I love you

As man Loves breath.

You are the first poem

译文：

雪松

我向你们致敬

你们生于浅浅的根系之上

夜晚是你们的守护者

你们发出的声响饱含语言的光彩

以及历经灾难的自豪

我认识你们

你们如记忆般包容

你们承载着生者的悼念

因为时间的背面仍是时间

我书写你们

你们如颂歌般独特

你们傲寒而立

枝丫触及天空

我向你们挑战

你们在山巅呼喊

用尽血液中流淌的每个音节

今天是昨日之明朝

你们的躯干中沉睡着一整个星球

我爱你们

随风飘扬的你们

我爱你们

如呼吸

你们是我心中的第一首诗

娜迪亚·图埃尼以深情而有力的笔触描绘了雪松的形象，表达了对雪松的热爱。我深以为然。这样看来，植物与诗性没有国界。

2020-12-27

参考文献

［1］言思. 诗经全编全赏［M］. 北京：中国华侨出版社，2013.

［2］俞平伯，等. 唐诗鉴赏辞典［M］. 新一版. 上海：上海辞书出版社，2013.

［3］夏承焘，等. 宋词鉴赏辞典［M］. 新一版. 上海：上海辞书出版社，2013.

［4］马炜梁. 植物学［M］. 3 版. 北京：高等教育出版社，2022.

［5］马炜梁，寿海洋. 植物的智慧［M］. 北京：北京大学出版社，2021.

［6］潘富俊. 美人如诗，草木如织：诗经植物图鉴［M］. 北京：九州出版社，2014.

［7］李时珍. 本草纲目·全图附方［M］. 重庆：重庆大学出版社，1995.

图书在版编目(CIP)数据

植物诗生活 / 李尚斌著. --长沙：中南大学出版社，
2025.4.

　　ISBN 978-7-5487-6172-3

　　Ⅰ . Q94-49

中国国家版本馆 CIP 数据核字第 2025PC2052 号

植物诗生活
ZHIWU SHISHENGHUO

李尚斌　著

□ 出 版 人　林绵优
□ 责任编辑　韩　雪
□ 责任印制　唐　曦
□ 出版发行　中南大学出版社
　　　　　　社址：长沙市麓山南路　　　　邮编：410083
　　　　　　发行科电话：0731-88876770　　传真：0731-88710482
□ 印　　装　广东虎彩云印刷有限公司

□ 开　　本　710 mm×1000 mm 1/16　□ 印张 12.75　□ 字数 220 千字
□ 版　　次　2025 年 4 月第 1 版　　　□ 印次 2025 年 4 月第 1 次印刷
□ 书　　号　ISBN 978-7-5487-6172-3
□ 定　　价　88.00 元